科学。奥妙无穷 ▶

于川 张玲 刘小玲 编著

"汪星人"

的秘密花园

中国出版集团
现代出版社

目录

目录

● 犬科动物

狗属于犬科动物。而犬科动物又属于范围更大的食肉类动物，熊、猫和海豹等动物也属于这一类。相关化石研究表明，犬科动物是在4000万年前从食肉类动物的共同祖先中分离出来的。从约1500万年前开始，我们可以将犬科动物再分为三个子类别：狐狸类动物、狼类动物以及南美洲犬科动物。狼类动物群成员包括狼、山狗和豺，它们都是近亲。

通过观察狗和野生犬科动物之间的差异，科学家们（如查尔斯·达尔文）认为不同种类的狗可能由不同种类的犬科动物衍生而来。然而，现代DNA分析表明狗都是从狼发展而来。

狗的驯化 >

狗的祖先是狼，它是人类最早驯养的动物。狗被驯化的年代大约在1万年前的新石器时期。在西安半坡文化遗址的先民生活区中，曾发现为数众多的狗的骨骼化石。此外，甘肃秦安大地湾新石器文化遗址出土的彩陶壶上，也发现了4只家犬的形象，而且都描绘得生动可爱。这都说明，当时人与狗之间的关系相当明确，狗已经成为人类的亲密伙伴。

放眼世界，各国的考古资料也表明，狗很早就与人类文明相伴而行了：伊拉克贾尔木早期的村庄，公元前7000年—公元前6500年的遗址中发现有狗的骨骼；土耳其凯奥努遗址的狗，被测定为公元前7000年；大约与此同时，欧洲也有了家犬，在丹麦中石器时代的马格勒莫斯文化层中有狗的发现；公元前7500年英国约克郡的斯塔尔加尔中石器时代遗址中也发现了狗。

传统观点认为，很久以前的人类将狼的幼崽从狼窝里抱出来并喂养它们，让它们以为人类和自己同属一个"兽群"。这些被驯养的狼和人类住在一起并繁殖后代。照看它们的人特别关心那些皮毛单薄或者骨架沉重的狼，因为在荒野中，具有这些特征的狼是比较容易死亡的。随着时间流逝，人们开始有选择地喂养

狼狗，直到他们最终培育出我们现在看到的各种各样的狗。

但也有一种说法认为，有些狼可以"自我驯养"。由雷蒙德和洛娜·科平杰合著的《狗：犬类起源、行为及演变的惊人新发现》一书提出了狗从狼演变而来的另一种理论。科平杰夫妇认为，当人类从狩猎群居社会向定居群落转变时，他们为邻近的狼创造了新的生态地位。狼的传统地位是森林食草动物（吃植物者，如鹿和麋）的掠食者。这种地位要求狼体型大、强壮、富有创造性并且能够从实例中学习。群居的人类产生食物残渣和其

他废物，这为动物提供了宝贵的食物来源。住得离人类较近的狼开始利用这些资源，那些最勇敢的狼得到的最多，所以生存得最好。于是有些狼改变了森林猎手的身份，走上一条不同的进化之路。这群新的狼不必像祖先那样行动快速，或者富有创造性。（事实上，现在体型越小越好，因为较小的动物需要的食物更少。）这个新群体中的狼需要继承的主要特征就是能够容忍人类。这个过程由自然选择决定。

狗的故乡 〉

　　狗究竟起源于何地，在业界一直有着各种说法，根据有关人员的研究发现，现在全球的宠物犬极有可能均源自中国!

　　过去，有关专家曾为狗的来源作过研究，并在以色列发现一块有12000年历史的犬科动物颚骨，所以推断狗只源自中东。不过，瑞典科学家的研究结果显示宠物犬的祖先极有可能源自中国。

库，而其中东亚狗只的基因变异较多，故相信狗的祖先，很有可能源于东亚。这个研究结果已于《科学》杂志上发表。研究人员指出，约在15000千年前，居于中国或附近的人类将野狼驯养成家犬，它们就是家犬的始祖了。后来随着人类迁移，家犬被带到欧洲，而在12000至14000年间，再由猎人从白令海峡带到北美洲去，辗转再带到南美洲乃至世界各地，从此家犬便遍布于全世界，并繁殖出不同的品种。最新的基因研究结果显示，所有狗只，包括美洲的纽芬兰犬，甚至因纽特犬，都是亚洲狼的后代。

瑞典科学家在分析全球逾500种狗只毛发样本后，发现所有狗只几乎都有着相同的基因

狗的习性 >

虽然经过长时间演化，可是狗还是保有狼的本性，比如群居。但群居的对象已由同类扩大到饲养它们的人的家中。狗把每个家人都当成族群之中的一分子，和他们一起生活，一起游戏，一起狩猎(外出散步)。在与人类共同生活的时间里，感觉敏锐的狗已在我们不知不觉中融入我们家中。

狗和其他动物（如猫科动物、鸟类和啮齿类动物）一样，都有领地感，以它自己为中心，用自己的气味标出地界，并经常更新。一块领地可只属于一两只狗，或一个狗的群体。外来狗闯进一只狗的领地时，它的行动非常谨慎，如果领地主（狗）来了，闯入者不敢看它，假装忙于别的事，避免与领地狗厮斗，然后离去。

• 狗怎样标志它的领地?

通常是沿着它平时行走的路线而固定一些点。如公狗外出散步时，总是往固定的一些树干、路灯下或角落里撒少量尿。一只狗的气味可以使另一只狗知道这只狗的领地、性别、年龄和健康等状况。有趣的是，一只小狗经过体大狗留下的领地痕迹时，会尽量抬高它的后肢撒尿来盖住体大狗留下的痕迹。而体大公狗路经体小狗留下的痕迹时，会尽量以低于正常的姿势排尿，以覆盖住体小狗留下的痕迹。

母狗的领地感不像公狗那样明显，只是在它发情期为了告诉周围的公狗它正处于发情期而用尿来标志领地界限或规定道路的记号。平时，母狗不像公狗那样护着自己的领地和自己在狗群中的地位，母狗只注意保护自己的崽狗，有许多母狗始终都可和睦地生活在一起，甚至可喂养其他母狗的幼崽。

• 狗的印记阶段

与人交往是狗天生的习性，但其程度常取决于3~7周龄时与人接触"印记"的程度。如果狗出生的头两个月只和它的父母或其他狗在一起，而不与人在一起，或没有真正逐渐了解人，则其一生就会远离人，并难以训练。如果生下来就受到人的抚爱，这就使它认识到人是朋友，是能与它玩耍的伙伴，并熟悉人的气味，与人和善，容易接受训练。这在挑选和训练狗时，注意到它的印记阶段是十分重要的。

＞ 东西方文化中的狗

西方人普遍认为"狗是人类最忠实、最可靠的朋友"。西方的孩子们从小最喜欢听的故事叫"义狗救主"。在英文词汇里，凡是和"dog"（狗）连在一起的词，大都是褒义词（少部分受圣经影响的除外）。比如，"Top－dog"直译为"顶头的狗"，实际含义是"有最高权威的"、"胜利者"。"Luckydog"直译为"幸运的狗"，中国人如赶上新年，人家祝贺您在新的一年中成为"Luckydog"，您准特不高兴，而西方人会高兴得跳起来。"Every dog has his own day"，直译为"每只狗都有自己的日子"，实际上是俗语"凡人皆有得意日"。

欧洲文明中，最早是以渔猎和畜牧文化为主，这主要是由当地的气候、环境等因素造成的。在以渔猎、畜牧为主的文化背景下，狗成为了重要的劳动力和生产工具。这也是为什么在人类选育出的几百种犬种中，大量的猎犬、牧羊犬都出自西方国家。所以在西方国家，狗是值得尊重的动物。

一只狗引起的官司

1869 年 10 月 28 日，在美国密苏里州小镇沃伦斯堡发生了一件事，引发了一场旷日持久的官司：一名枪手射杀了邻居一条无辜的猎犬老鼓。这位邻居一气之下把这名枪手告上了法庭。双方都雇用了著名的律师对簿公堂，官司持续一年，一直打到了密苏里最高法院。邻居雇用的律师之一，也是后来的美国参议员乔治·韦斯特曾誓言："不赢此官司，将向全密苏里的狗谢罪。"韦斯特果然不负众望，在法庭上慷慨陈词，最终赢得了这场官司，韦斯特 1870 年 9 月 23 日在法庭上的结案呈词，最终以"狗赞"之名传世，成为历史上最著名的演说之一。幸运的是，这篇演说的第一部分被保存了下来。今天人们只要来到沃伦斯堡法院前，就能看到老鼓的雕像和刻在座基上的这篇脍炙人口的演说。

尊敬的陪审团先生们：

一个人在世上最好的朋友会和他反目，成为他的敌人。他悉心养育的儿女会不忠不孝。那些和我们最亲近的人、那些我们以为幸福和美名信赖的人会背信弃义。一个人拥有的金钱会失去，也许就在他最需要的时候不翼而飞。一个人的名誉会由于瞬间的不当之举而丧失殆尽。那些当我们功成名就时跪拜向我们致敬的人也许是第一个在失败的阴云笼罩我们时对我们落井下石的人。在这个

自私的世界里，一个人能有的最无私的、从不抛弃他的、从不知恩图报的、从不背信弃义的朋友就是他的狗！

无论富有或贫穷，无论健康或是患病，一个人的狗总是依立在主人的身旁。如果能和主人在一起，它愿意睡在冰冷的地上，任凭寒风凛冽，朔雪飘零。它愿意亲吻没有食物奉送的手；它愿意舔抚艰难人世带来的创伤。它守卫着穷主人安睡，如同守卫王子。当一个人的所有朋友离去了，而它留住了！当财富不翼而飞，当名誉毁之殆尽，它仍热爱着它的主人，如日当空亘古不变。如果在命运驱使下，主人被世人抛弃，众叛亲离，无家可归，忠诚的狗仅仅要求能陪伴主人，守卫他免遭危险，去和他的敌人搏斗。

当最后的时刻来临，死神拥抱主人，他的躯体掩埋在冰冷的黄土之下，任凭所有的朋友烟消云散，就在墓地旁你可以看见那高尚的狗，它的头伏在两爪之间，双眼神情悲伤，却警觉注视着，忠诚至死。

14

狗的社会地位 〉

作为十二生肖中的一员，狗在中国人的心目中始终有着很高的地位。这一点从中国不断出土的考古发现中可见一斑。

河南洛阳市中心城区发现的东周天子驾六车马坑中，就有7只殉葬的狩猎犬。对于当时的人们来说，让心爱的猎犬为自己殉葬，就是给爱犬最高的荣誉。

公元前13世纪甲骨文对"六畜"作了记载，在甲骨文文中，就有"五十羊，五十犬"的文字记录。 从人类发展史的总体情况看，养狗的习俗可能渊源甚早，大约在旧石器时代的狩猎生产中，作为狩猎的最佳助手，狗已开始步入被驯养的行列，故狗应是人类最早驯养的家畜动物之一，而养狗习俗也应当是畜牧业中发生最早的生产习俗之一。

中国的家犬遗骨，迄今在河南、河北、陕西、山东、山西、湖南、湖

北、辽宁、内蒙古、安徽、江苏、上海、福建、台湾等省份内的20多处新石器时代遗址均有发现，遗骨的年代最早可达距今7000—8000年，如新石器时代早期的河北武安磁山、河南新郑裴李岗遗址均发现了家犬骨骼。这种现象表明，在中国整个新石器时代中，养狗的习俗在南、北地区都是十分风行的。

春秋《周礼·秋官》设有犬人掌犬牲，相犬，牵犬者，属于犬人所管。"祭祠共犬牲"，而必用六畜中的犬做牺牲祭祀品。

春秋时期的大力士朱亥，战国时期的荆轲挚友高渐离，都是屠狗卖肉出身的名家，由此可见狗的社会地位和作用。

15

 狗

狗，形声字，从犬从句。"犬"指"犬类"。"句"意为"小"。"犬"与"句"联合起来表示"小犬"。类似于驹（小马），佝（矮人）。

狗姓，最早是我国姓氏之一，跟"死"姓等同为稀有姓氏，全国只有几家。狗姓现已改为苟。

西方语言亦如古代中国，会使用不同的词来分辨狗的年龄和雄雌。例如英文中"dog"一词经常被养犬者特指雄性家犬，该词有时也通用的指称任何属于犬科的哺乳动物（"犬类动物"），如狼、狐和郊狼；雌性家犬则称为"bitch"，小狗称为"puppy"；"pooch"或"poochie'"则用来泛指任何犬只。

九尾犬和谷种的传说

中国很多地方都流传着狗为人们带回谷种的传说。说在古时候，人间还没有谷米，人们饿了就拿野果、野菜来充饥。后来，人越来越多了，能吃的东西渐渐少了，大家常常挨饥受饿。

那时候天上已经有米吃了，地上还没有。天上的人害怕地上的人有谷有米吃了，繁殖得太多，会打到天上去，占领他们的地方，就一直不让一粒米、一颗谷种落到地上来。地上的人哀求天上人借一些谷种来种，天上的人总是不肯给。没办法，地上的人就派了一只九尾狗到天上去找谷种。

九尾狗来到天上，看见天上的人在天宫门前晒谷子，便弯下九根尾巴（据说那时的狗有九根尾巴），悄悄地向晒谷场走去。狗尾上密绒绒的细毛，碰着晒谷场上

九根尾巴还剩下一根，一根尾巴带来了几粒谷种。

人们很感激狗，拿狗尾巴上的谷种去种。人间从此才有了谷种。

狗因为被砍断了八根尾巴，所以现在的狗，只有一根尾巴啦。

狗把谷种带到了人间，救活了人们。人们为了报答狗，把狗养在家里，给它吃白米饭。而谷种长出来的谷穗，根根都像狗尾巴，据说就是这个缘故。

的谷粒就牢牢地粘住了。

九尾狗用九根尾巴粘满谷子，回头就跑。不料，刚跑了几步，就被看守谷子的人发觉了。他们一边呐喊，一边追赶，一边挥着斧钺乱砍。

九尾狗的尾巴，一根根被砍断了，鲜血不断地流下来，但它还是忍着剧痛，使劲地往前奔跑。当第八根尾巴被砍下来的时候，它已经逃出天门，越过天界，回到人间来了。

17

狗通人性从何而来？ >

专家发现，在已识别出的2.4万多个人类基因中，至少有1.8万个与狗的基因相同。从进化的角度看，人和狗拥有共同的祖先。很多人都相信，狗具有独特的性格。2011年于美国首都华盛顿哥伦比亚特区举行的美国科学促进会年会上发表的一项新研究成果显示，这种观点不但是正确的，而且狗的性格相当复杂，甚至能够与人类的性格相媲美。

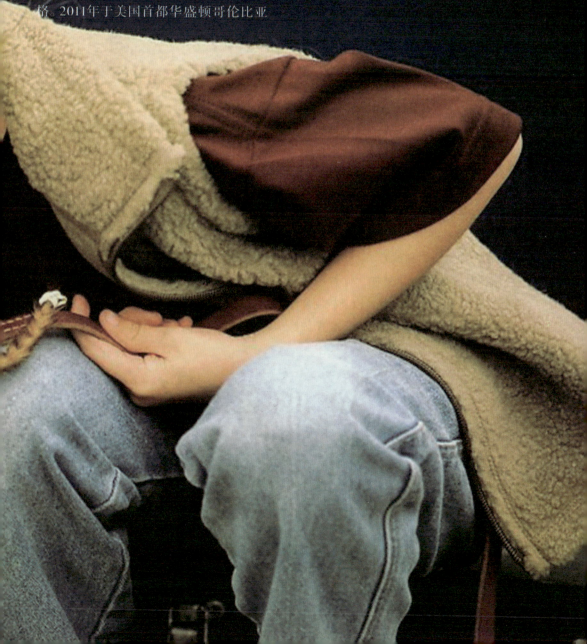

• 狗的气质

美国得州大学心理学家发现，狗儿身上可以找到人类5种性格中的4种，而且，狗和人处得来处不来，要看彼此性格"速配"与否。

被大家所熟知的人类性格测试通常都基于5个主要因素：诚实性、外向性、神经性、开放性，以及适应性。为了研究狗的性格，美国得州奥斯汀市的得克萨斯大学心理学家塞缪尔·戈斯林基于狗的特点设计了一种类似的测试方法。该测试模式主要针对5项标准：外向、愉快、情绪稳定、勇于尝试新的体验，以及控制冲动的能力——尽责。他以这些标准来细数狗的性格，发现狗也有所谓的气质，比方说是不是乐观，勇敢与否等。例如，研究中以让饲主丢下自己的狗，带着其他狗离开，观察狗的反应，评估其"情绪稳定度"。戈斯林表示，人类人格上的特征，也会出现在狗身上。狗没有的人类性格，只有"可信度，自私与否以及是否能信赖"这一项。

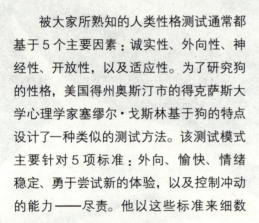

• 为什么狗对主人如此忠诚

狗对主人的忠诚，从情感基础上看，有两个来源：一是对母亲的依恋信赖；二是对群体领袖的忠诚服从。这就是说，狗对主人的忠诚，其实是狗对母亲或群体领袖忠诚的一种转移。

从血统角度看，现代家犬可分为两类：胡狼血统与狼种血统。胡狼血统狗之忠诚，主要与第一个情感来源相联系，即，主要出于对母亲的依恋信赖；这种母亲，可以是任何一个对它表示友善的人。狼种血统狗之忠诚，主要与第二个情感来源相联系，即主要出于对狗之群体领袖的忠敬服从；这种领袖，对狗来说，一生只有一个。这样，忠诚对这两种不同血统的狗而言，也就有了不同的含义。对胡狼血统狗而言，所谓对主人的忠诚，是指对所有对它表示友善的人的忠诚，而对狼种血统狗而言，所谓对主人的忠诚，则是指对一个主人的忠诚。

胡狼血统狗，可以忠诚于所有对它表示友好的人，那这种"忠诚"，对于某一个特定主人而言，应是不忠诚。狼种血统狗，因为一生只忠诚于一个主人，所以可以说，狼种狗对主人远比胡狼狗更为忠诚。之所以这两种血统狗的忠诚有这样的区别，根源在于这两种狗的遗传密码是不同的。

• 狗的性格也会遗传

人的性格和行为特征的30%—50%取决于遗传基因，狗性格的形成与人类有类似的地方，狗的性格形成与遗传以及周围生活环境的影响有关，其中遗传是很主要的因素。动物的一切生命活动都受大脑神经的支配，大脑神经的基本活动过程表现为兴奋和抑制两种方式，这两种方式的强弱、是否均衡，以及两者相互转化的灵活性如何，就决定了狗的不同"性格"。

• 狗的性情

　　除了遗传因素外，狗的性格会随着主人性格、主人家庭成员、生长环境、饲养方法等因素的变化而变化。一只胆小的幼犬如果被养在一个喜欢安静的人家里，它就会慢慢习惯一个没有干扰的环境，随着它的长大，它也会变得越来越胆小，只要遇上生人，就表现出急欲逃跑躲避之态，或者狂吠不止。

　　同样是胆小的幼犬，如果主人热情外向，就会经常带它到喧闹的人群中，它就会慢慢习惯，渐渐改变原来胆小的性格。同样，幼时性格活泼的狗，如果碰到了一个沉默寡言的主人，在一个安静的环境中长大，因为它过度无聊便不停地吠叫，或者由于烦躁而不停地碰触，让主人感到厌烦，因而会经常受到训斥，久而久之，不管原先是多么好脾气的小狗，长大后，性格只有变得越来越坏。换句话说，狗养成什么样的性格，其中部分原因也是由主人决定的。

　　研究显示，不管是哪种性格的狗，都有可能被调教成为主人所喜欢的狗的类型。判断狗某方面性格是否需要改正，应该以狗长大后这方面的性格是否能为人们

所接受为标准。专家表示，"如果狗身上有你所不能接受的恶习，那你就应该及时对它进行调教，任其自由发展是不明智的。对狗的调教一般在狗出生后2—3个月开始。调教时可以灵活运用夸奖和申斥两种手段。两者相辅相成，缺一不可。只有适时夸奖与适度申斥相结合，才有助于调教成功。"

• 软性狗和硬性狗

　　软性类型的狗感受性非常强，对于外界的各种刺激承受力差，情绪起伏很大，可以说有点神经质。它们或因受到门铃的惊吓，产生激烈的反应甚至大声吠叫，或是被打雷、放焰火的声音吓得发抖不已。与此相反，硬性类型的狗，无论精神或肉体，对于外界刺激的承受力都较强，它们中的大多数心胸开阔且开朗，个性大胆又积极，独立性很强，具有强烈的防卫本能，生起气来可能会做出出人意料的攻击行为。

• 主人与狗性情相近

可助他们共渡难关

　　在一项实验中，美国得克萨斯大学心理学家塞缪尔·戈斯林还请狗的主人从活跃勤奋或懒惰懈怠、温顺或暴躁、焦虑不安或安静祥和、聪明或愚笨这几个方面给他们的爱犬打分，然后把那些狗交给动物学专家打分，结果二者对狗的看法大致相同。

　　戈斯林表示：根据测试，他们发现，主人通常十分了解自己所养狗的个性；而宠物狗表现出来的这些个性迹象同人类主人的个性迹象十分相似。他告知美国科学进展协会：如果主人和狗在性格上非常的相配，那么他们可以共同克服一些困难。但是，有时人们错误地认为他们不相配，则错误地将狗遗弃在特定的狗窝中。他说："每年那些狗窝使成百上千只找不到自己家的狗流离失所、饿死街头。

● 狗的分类

狗的种类繁多，与人类生存和发展密切相关。最近的基因研究得出的大量研究结果表明，现存的狗有450种左右。经过1万年的发展，狗的品种越来越多。玩具似的狗、可放进茶杯里的卷毛狗、爱尔兰牧羊狗、珍贵的中国沙皮及各种杂交狗等，种类繁多，不一而足。狗最重要作用是做伴。除了南极洲外，家犬迅速在全世界各地繁衍生息。不论生活在哪里，这些家犬都能以它们的专长、出色的适应性、机智的头脑和群体合作的力量，得以不断繁荣。

狗分为几大类：工作犬、观赏犬、单猎犬。

最熟悉的工作犬——导盲犬 〉

工作犬，一般来说都比较聪明，好训练，服从性强，有实用价值。这种犬包括传统的护卫犬和工作犬，如罗特韦尔犬。主要用于工作，大多数情况下英勇无畏，是天生的护卫犬。如今，工作犬的角色范围更广，它们不仅是警卫守护犬，用于保护主人的生命和财产，还可以成为军犬，警犬，导盲犬，搜毒犬，搜爆犬，漏气探测和落水、火灾、失踪救护犬。

导盲犬可能是工作犬中大家最熟悉的一种。经过训练后的导盲犬可帮助盲人去学校、商店、洗衣店、街心花园等。它们习惯于颈圈、导盲牵引带和其他配件的约束，懂得很多口令，可以带领盲人安全地走路，当遇到障碍和需要拐弯时，会引导主人停下以免发生危险。导盲犬具有自然平和的心态，会适时站立、拒食、帮助盲人乘车、传递物品，对路人的干扰不予理睬，同时也不会对他们进行攻击。在导盲犬的挑选上要求其神经类型为安静型，这种犬学习虽慢，但学会的能力会终生不忘，并且能够忠实地履行自己的职责。

★导盲犬的历史

导盲犬的历史可以追溯到 19 世纪初。1819 年一个叫海尔·约翰的人在维也纳创办了世界上第一个导盲犬训练机构。后来海尔还出版了一本小册子详细描述了训练机构的工作，但在当时这个项目并没有被世人广泛知晓。几乎 100 年之后人们才开始重视导盲犬，原因是在第一次世界大战后，很多德国士兵失去了视力，医生赫哈德得到灵感在德国开办了世界上第一个导盲犬训练学校。

几年以后导盲犬及其训练因一个叫多罗西的美国女子的介绍而被世界其他国家所知，多罗西当时在瑞士工作，是著名的狗训练师，她为警察局训练警犬并为红十字会训练救援犬。多罗西听到有关德国训练导盲犬的消息后参观了该学校，并于 1927 年著文在纽约的报纸上介绍了该项目。这篇文章吸引了一个叫莫里斯的年轻

人的注意，他是一个盲人。他随后写信给多罗西，询问她是否能够为自己训练一只导盲犬。多罗西接受了挑战，但要求莫里斯与自己一起参加整个训练过程。

★第一所导盲犬训练学校

1928 年，莫里斯与他的导盲犬一起回到了美国。很快，莫里斯在多罗西的积极倡导下在美国开办了第一所导盲犬训练学校。1931 年，多罗西在英国正式开办了导盲犬训练学校。此后几年，导盲犬被介绍到了澳大利亚及世界其他地方。

• 世界导盲犬联盟

目前，在世界上很多国家都有导盲犬协会，这些机构大多数是民间的非营利慈善机构，他们培育训练导盲犬并免费提供给有视力障碍的人士，这些机构的经费大多源于慈善捐款。"世界导盲犬联盟"是一个国际性组织，为来自26个国家的60多所成员导盲犬训练学校提供技术指导和推广鼓励，使用导盲犬为视力障碍人士提供服务。

• 什么样的狗适合做导盲犬

各国选择不同的当地犬种作为导盲犬，比较常见的犬种有拉布拉多、黄金猎犬（金毛寻回犬）、德国牧羊犬（狼狗），及其他一些品种。这些狗的体型适中，便于牵引；更主要的是狗的性格稳定，忠诚，热爱工作，对大人和小孩都很友好；聪明，服从，忠诚，便于训练。

但并不是任何一只拉布拉多犬都可以做导盲犬。选择一只狗做导盲犬，首先要考察三代，查每一代的生理状况及遗传疾病、性格、行为特征等等因素。很多导盲犬协会拥有自己的犬种繁育中心，无疑这些犬的父亲母亲都做过导盲犬，小狗生下来就具备了一定的遗传基因，这样无疑会提高训练的成功率。

观赏犬 ＞

观赏犬一般包括两种类型：一是指外表漂亮、光彩照人的小型犬，它们小巧玲珑，温柔娴美，有时忧怨缠绵，令人爱怜，有时顽皮嬉戏，相伴左右，令人欢欣，充分展现了观赏犬漂亮大方、温柔迷人的特色另一种是指外表刚毅、严峻、机敏的大型犬，它们体格强壮，机警勇敢，常常在主人危难时挺身而出，忠义可嘉，充分显示了观赏犬英俊勇敢的一面。小型犬的温柔美丽，大型犬的刚毅忠主，使犬类漂亮英俊的外表美和生命中朴实无华、温柔娴淑、忠贞不二的内在美和谐地统一在一起，从而形成了犬类数千年来长盛不衰的完美特色，这就是观赏犬的魅力所在，也是它数千年来被人类宠爱有加的原因。

• 全球观赏犬饲养数量前三名的国家

在目前世界养犬协会公认的犬中，其豢养数目以美国最多。美国养犬协会成立于1884年，现经登记注册的纯种犬有130多个品种，总数超过20万只，美国是全球观赏犬饲养最多的国家；日本养犬协会成立于1949年，已经登记注册的纯种犬有105个品种，总数已逾24万只，位居全球第二；英国养犬协会成立于1873年，已经登记注册的纯种犬有164个品种，总数约19万只，位居全球第三。

29

WANGXINGREN'DEMIMIHUAYUAN

小巧可爱的观赏犬—茶杯犬 〉

茶杯犬，又名茶杯贵宾犬，起源于美国，是一种高级宠物犬。它的体型标准在20厘米以下，体重低于1.8千克。微小茶杯贵宾犬体型更小，俗称"娇小"贵宾犬或"口袋"贵宾犬，标准是18百米以下，体重低于6.6千克。

茶杯犬起源于美国，发展于日韩，如今已得到进一步的改良。在19世纪时，玩具贵宾犬因基因突变而诞生了最早的茶杯犬，经美国繁殖家的培育，逐渐发展成现今的模样。茶杯犬小巧可爱，成为了众贵宾爱好者的新宠。经历了半个世纪的繁殖，茶杯犬的体型基因已相对稳定，一些繁殖家为其定立了标准，体重不足1.8千克，身高不超过20厘米的才算合格的茶杯犬，自从定立了标准，使人们更加容易区分茶杯犬和一般的贵宾犬。

所谓的茶杯犬并不是指某个单一品种。现在比较稳定的茶杯犬种类在5—7种，分别是：茶杯贵宾、茶杯约克夏、茶杯玛尔济斯(马耳他)、茶杯吉娃娃、茶杯博美等。

茶杯贵宾犬可以看做是玩具贵宾犬的缩小版，传统的茶杯犬与一般贵宾犬的颜色无异。但近年来，除了单一色系外，在美国、加拿大、日本及我国台湾等地开始流行花斑纹，如乳牛花、红白花等。

茶杯犬不同于一般小体型犬只的敏感性格，也区别于吉娃娃、博美之类的微型犬，它更多继承了玩具贵宾犬温顺、活泼、与人为善、聪明灵巧的秉性。

打猎时的好帮手—猎犬 〉

猎犬可分为单猎犬、群猎犬以及猎小害兽的梗犬三种

单猎犬，一般都很聪明，有活力，比较好动。训练还可以，服从性强。大多都还漂亮。

单猎犬原本是指跳起来威胁躲在树荫或林子里的鸟，使受惊的鸟跌入捕鸟网或扑于鹰爪之下的猎犬；现在则是猎人以猎枪猎鸟时的助手。它们的主要特点是单独陪伴人们进行打猎工作，具有敏感，顺从的个性和极高的智慧。单猎犬可分为一旦发现猎物，就会指出猎物所在地的指示犬；发现猎物便会将前脚伸出，通知主人猎物所在地的塞特犬；对回收猎物非常在行的猎物寻回犬；发现猎物就会飞扑过去捕捉的西班牙长耳猎犬；以及在水边很会找寻猎物的水猎犬等5种。单猎犬与人合作捕鸟，和人的协调性极佳，是名副其实的狩猎高手。它们以活泼忠诚，灵敏友善的天性赢得了"家庭爱犬"的地位。

群猎犬，一般都很聪明，非常有活力，很好动，很贪吃。不能训练（虽然聪明，但自身约束能力差）。很贴主人，但外出不听口令。体形中等，专为狩猎而培育，通常是短毛型，毛色有两三种，体格适于运动。有些品种主要是为耐力而培育，而有些是为了速度。大略可以分为两类：一类为视觉猎犬如阿富汗猎犬；另一列为嗅觉猎犬如寻血猎犬，主要的区别在于狩猎技巧。有些品种在本地区以外还少为人知，仍然只专注于天赋的狩猎工作。通常不能适应城市的生活方式，天性友善，但由于狩猎本能是如此的强烈，因此在训练他们把猎物带回是件困难重重的事。

牧羊犬，专业从事放牧工作的犬，我们称之为"牧羊犬"。它们非常聪明，很有活力，大多都可以训练，服从性很强。很依恋主人，大致有德国牧羊犬、苏格兰牧羊犬、边境牧羊犬、喜乐蒂牧羊犬和比利时牧羊犬。在过去千百年间，牧羊犬是负责牧羊、畜牧的犬种。作用就是在农场负责警卫，避免牛、羊、马等逃走或遗失，也保护家畜免于熊或狼的侵袭，同时也大幅度地杜绝了偷盗行为。随着历史的发展，牧羊犬逐步受到各国皇室的喜爱，以至于上流阶层和普通民众逐渐把它当成玩赏犬饲养。

赫赫有名的梗犬

梗犬是一类最初为打猎和消除毒蛇害虫而培育的犬种。英语"terrier"来自中世纪法语"terrier"和源自拉丁语"terra"，泥土的意思。大多梗犬品种都是在英伦三岛培育出来的。梗犬很聪明，好动，喜欢刨洞。不可以训练，服从性差。不是很贴主人。梗犬很好认，年纪轻轻就长着长寿眉、山羊胡，憨憨的，丑丑的，精力充沛又高贵斯文，个性十足而又极度忠诚。

梗犬多数体形小，四肢短，勇敢而敏捷，性格快乐活泼，是十分负责的工作犬，品种不胜枚举，依其被毛可分两类，一种是平滑短毛的短毛狐梗，另一种是长粗毛的斯开岛梗与凯利蓝梗，在梗犬中体形最大的受尔德梗更兼具了梗犬的各大主要特征，最大的梗犬种类是万能梗。

梗犬的斗志使它们被用在像"清鼠穴"这样的比赛中。能以最快速度杀除全窝老鼠的为胜；凯利蓝梗和万能梗尤以捕猎深水中的水鼠和水獭而著称；牛头梗是特别培育出来用于斗犬的品种。梗犬的性格坚毅勇敢，能一连数日拯救被埋在矿坑里的人。

作为军用犬，梗犬赫赫有名，以凯利为名的蓝梗即在半岛战争中与连队同行，英法战役中于地形恶劣的战场多次与法军

在英国历史中无论是美术、文学中，梗犬都是举足轻重的。约克夏、布留吉尔、路南兄弟档等知名画家，其作品中即常见梗犬的芳踪。而兰斯更是以自己饲养的梗犬（名布鲁塔）为素材，画出《捕鼠》《爱情》等名画。

• 什么是AKC?

AKC（American Kennel Club）是美国犬舍俱乐部和美国养犬俱乐部的简称。AKC 是致力于纯种犬事业的非营利组织，成立于 1884 年，由美国各地 530 多个独立的养犬俱乐部组成。此外，约有 3800 个附属俱乐部参与 AKC 的活动，使用 AKC 的章程来开展犬展览，执行有关事项，教育计划，举办培训班和健康诊所。

世界犬业联盟，是和 AKC 类似的一个犬类组织，（Fédération Cynologique Internationale），简称 FCI，是世界上最有国际影响力的犬类组织，总部在比利时布鲁塞尔，成立于 1911 年 5 月 22 日。创始会员国为德国、奥地利、比利时、法国和荷兰，现有 80 多个国家及地区的会员（每个国家或地区仅限一个）。

• 犬类智商排名

犬类智商排名是根据世界犬业联合会并结合489位世界各地驯犬专家，百名动物兽医师，及数十名专业警犬训导员与各种犬的驯犬专家对各流行犬种进行深入测试观察，并在世界各地著名养犬户提供的大量相当有价值的资料下，综合各种资料经过对犬只的测试服从性和智商及长期与人配合默契程度进行的排名。

第一等级

这个等级的狗大部分听到新指令5次，就会了解其涵义并轻易记住。主人下达时，它们遵守的概率高于95%。此外，即使主人位于远处，它们也会在听到指令后几秒钟内就有反应。即使训练它们的人经验不足，它们也可以学习得很好。

第二等级

这个等级的狗要学习5—15次才能学会简单指令，它们遵守第一次指令的概率是85%，对于稍微复杂的指令有时候反应会稍微迟缓一些，但只要勤加练习就能消除这种延缓状况。当主人离它们较远时，它们的反应有可能也稍微迟缓一些，不过，即使训练人员经验稍微不足，还是有办法将这些狗调教得很优秀。

第三等级

这个等级的狗是属于中上程度的狗，重复了15次指令后才会表现出似懂非懂的反应，需要很多额外练习，尤其在初级阶段。它们对第一次指令作出的回应概率是90%，表现的优劣取决于练习时间的多寡。整体来说，表现与排名较前的狗一样好，只是动作没那么平顺连贯，而且反应时间也稍微慢半拍，如果主人站得稍远，它们可能不会回应主人的指令，如果训练者缺乏经验，或过于严厉或没耐心，这些狗的表现就会很差。

第四等级

这个等级的狗是智商与服从中等程度的狗，在学习过程中，会在练习15—20次之后才对任务基本了解，若想得到令人满意的表现，可能需要25—40次的练习，

如果没有练习，可能会忘记曾经学过的动作。它们回应第一次指令的概率是50%，但先决条件是必须先重复训练。如果主人站得很近，它们的表现会较好，如果与主人距离稍远，狗的表现就会较差。较高明的训练人员可以把这些狗调教得和聪明狗一样好，但经验不足的人，或缺乏耐心者，可能拿这些狗没办法。

第五等级

这个等级的狗要使指令达到完美表现，可能需要40—80次的练习。即使经过这么多练习，还是无法成为永久习惯，如果练习中断了一阵子，它们表现出来的就像是从来没有学过这些动作，经过练习后，狗回应第一次指令的概率是30%。大部分时候，这些狗都很容易分心，而且只在它觉得高兴的时候才会执行主人的指令，如果主人站得离狗稍远，就必须花很

多时间对它们大叫，因为它们很可能表现为独立、冷漠等等。

第六等级

这个等级的狗要让它们记住指令，通常要练习上百次，学会后必须多加练习，否则它们会忘得像没学过这个动作一样，即使习惯养成了，它们还是没办法每次都回应主人的指令，第一次回应的概率是25%，有时候它们会把头偏离主人，像是故意不理会主人，或是故意挑战主人的权威。当它们回应指令时，行动通常缓慢不确定，或心不甘情不愿。有些狗必须戴上项圈才听话，一脱下项圈就无法无天了。普通训练人员可能控制不了这些狗的表现。

> **狗智商排名榜**

1. 边境牧羊犬
2. 贵宾犬
3. 德国牧羊犬
4. 黄金猎犬
5. 杜宾犬
6. 喜乐蒂犬（谢德兰牧羊犬）
7. 拉布拉多猎犬
8. 蝴蝶犬
9. 罗威纳犬
10. 澳洲牧牛犬

● 身体中的秘密

狗的头骨 〉

• **基本形状**

狗有三种基本头骨形状：

长头型：具有长鼻，如粗毛牧羊犬、阿富汗猎犬、杜宾犬和狐梗。

短头型：鼻子短而扁平，如哈巴狗、斗牛犬和北京狗。

中头型：介于上述两者之间的狗种。

头骨的特征取决于头骨的整体外形和

类型。眼睛位于颧骨内的眼窝处，两个颧骨决定了整个头骨的宽度。不同狗种的颧骨形状各异，长鼻狗颧骨曲度较小，而短鼻狗颧骨曲度较大。

• 狗的大脑

狗脑与人脑的主要不同在于大脑，人类大脑的灰质比狗多。尽管两者都具有协调和控制身体的功能和行动，但人脑的作用要复杂得多。大多数狗脑能够感觉和辨认，但几乎不能进行概念的联想。因此一条狗也许能够学会辨认一枚硬币，却永远不会理解钱的概念，也不可能知道这枚硬币到底能买多少罐狗食。像圣伯纳犬这样的大型狗与人的体重相差无几，而其脑的重量为人脑重量的 15%。有趣的是，狗脑中主管嗅觉区域的细胞数目是人脑相应区域细胞数的 40 倍。

• 咬合类型

狗有 4 种不同咬合类型。短头型的咬合多为"下颌突出"型，下颌伸长至上颌之外。其他的类型有平咬合型（上下平整相合），剪咬合型（上下交错相合），或是上颌突出型，其上颌伸长至下颌之外。

正规的狗种标准包括了对每条狗"咬合"的要求。狗的颌部肌肉非常发达。据说一条重 25 千克的杂种狗的咬合力可达 165 千克；而人类的平均咬合力只有 20—30 千克。

犬齿与狼爪 〉

狗的牙齿与它成为食肉动物大有关系，具有巨大强健而锋利的牙齿（称裂齿），用来嚼碎坚硬的物体。此外，狗上颌的最后一颗前臼齿伸长，并发育出切割齿脊。咬合时，与下颌的第一颗白齿交搭在一起。门齿长而尖锐，且微微弯曲，通常称为"犬齿"，是捕捉猎物时有用的攻击武器。狗牙齿的长牙时间各不相同。

狗的后肢通常有4个脚趾，有的狗在后肢内侧会多出1个脚趾，一般称之"狼趾"或"狼爪"，又称第五趾。这趾一般不着地而悬在空中，故叫"悬蹄"。狼爪既无行走功能，又影响美观，在国外，养犬人多把它去掉，但对于长毛犬，因腿上的毛可遮住狼爪而使其无碍大雅，无需切除。如果不切除，要注意经常修剪狼爪的趾甲，因为它不着地磨损，很易长长并向内下方卷曲，甚至扎进趾垫的皮肉内，导致疼痛，甚至感染化脓。

关于狗的牙齿

狗的牙齿对于它来说非常重要，如果狗狗的牙齿不好，那么狗的整体健康都要受到影响。

狗的牙齿共有42颗，上下相对生长，下面多一颗大臼齿。牙齿各有作用，长成适合咬断、撕裂、嚼碎用途的形状。狗的牙齿强而有力，能咬碎大骨头，但也能用牙齿叼着小狗而小狗却毫发未损。

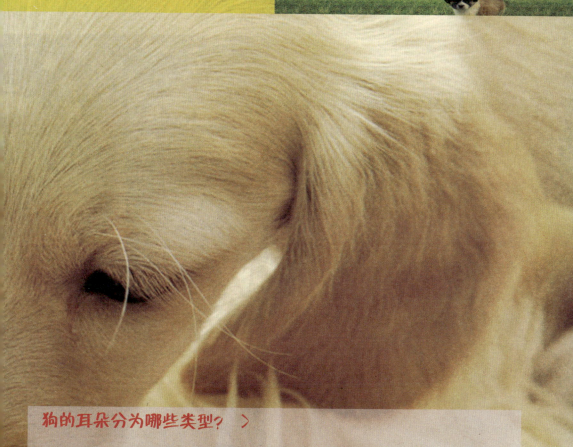

狗的耳朵分为哪些类型？ >

狗的耳朵有长有短，耳根附着有高有低，有的耳大，有的耳小，其形状也不同。狗的耳型大致有以下几种：

（1）蝙蝠耳：为根部宽、尖端较圆的钝三角形竖耳，似蝙蝠的耳，如法国斗牛犬。

（2）纽扣耳：在耳朵中部向头盖骨方向扭转，形似裤腰上的裤钩。

（3）直立耳：耳呈尖长三角形，完全挺立于头上，如德国牧羊犬的耳型；另一种是原为垂耳或半垂耳，经人工剪截后呈窄尖的三角形竖立，如大丹犬、拳师犬等。

（4）半直立耳：耳根竖立，耳尖向前方折曲，如苏格兰牧羊犬、喜乐蒂牧羊犬等。

（5）垂耳：整个耳朵在头部侧面下垂，如贵宾犬、波音达犬、八哥犬、藏獒等。

（6）玫瑰形耳：耳尖向后翻转，露出耳的内部，似玫瑰花瓣，如灵提犬。

狗的骨骼 〉

　　狗的骨骼分成两大主要类型：长骨（如四肢和脊椎的管状骨）和扁骨（头盖骨、骨盆和肩胛骨）。尽管自早期以来狗的基本骨架没什么改变，但不同品种之间四肢骨却有很大的不同。只要比较达切斯猎犬和圣伯纳犬便可得知这种差异。原因是，人们对骨的长度和厚度不同的狗进行了选择性的饲养。

　　骨骼是一个由附着在骨节点上的肌肉牵动之骨杠杆系统，骨与骨在具缓冲作用的关节处联结起来，骨的复杂结构使狗具有相当的稳定性和可动性。骨由韧带维系，使狗在特定方向上可做一定幅度的运动。

　　每一个关节都被一关节囊包围着，囊中有润滑剂，称为滑液。包围在关节内

40

的骨端外覆有软骨，这是一层可以帮助关节轻便活动、缓冲全身重量负荷所产生震荡的光滑表面层。

长骨在胎儿时期是以软骨形式出现。在妊娠后期，这些软骨会逐步转变为真正的骨骼。四肢骨骼是一种在任一端有关节联结的管状结构，在不是关节联结的其他部分，则被致密的纤维状骨膜覆盖。幼犬时期，正在发育的狗骨膜内层生长相当活跃，并制造出骨骼，增加骨的直径。在管状骨的内部，为了防止骨壁过厚、过重，旧的骨细胞被重新吸收和重新塑造，以保证正常骨壁，即皮质有相同的厚度。

一旦狗停止生长，骨膜层便相对变得不活跃，但如果发生骨折并需要再生，那么那些区域的骨膜层又会再次活跃起来。为了防止此程序使骨变得脆弱，其内部含有一种纤细的骨质支柱或称小柱。幼小动物在小柱之间充满了骨髓，成年后，这些骨髓就会被脂肪替代。

骨长度上的增长发生在靠近关节的区域，叫做生长板或称骺板。这些生长板位于干骺端。在那里，不断地长出软骨作为生长板后的新生层。软骨会逐渐转化成骨，这样，

骨便长长了。对于大多数的狗而言，长是长度上的增长，在出生10个月左右完成。

骨的生长需要营养，这由血管提供。每个骨体由两条大营养动脉供给养分。这些动脉是通过骨体上的孔洞（营养孔）进入骨的。骨骺从关节囊内的环形动脉中得到血液。这些动脉贯穿整个骨骺，为生长中的骨提供养分，同时也给关节软骨的内层输送养料，而其他养料则来自关节内的滑液。

你知道吗?

狗全身骨骼近 300 枚,包括头骨 46 枚、躯干骨 77—80 枚、四肢骨 176 枚和内脏骨(阴茎骨)1 枚。

狗的皮肤 ＞

狗的皮肤干燥，汗腺不发达。皮肤被覆于体表，其厚度随不同品种变化很大，由外向内依次分为表皮、真皮和皮下组织三层。表皮由复层扁平上皮构成，表层不断角质化、脱落，深层细胞不断分裂增殖以补充脱落的细胞。表皮内有大量的神经分布和密集的感觉末梢，能感受疼痛刺激、压力、温度和触摸。在指和趾末尖上的表皮角质化成爪，为钩爪，发达而锋利，有攻击、攫食和掘土作用。真皮厚，由致密结缔组织构成，内分布有皮肤腺和许多毛根梢，由毛根梢底部的毛球长出毛。乳房(乳腺)位于胸部和腹正中部

的两侧，有4—6对，小型品种犬多为4对，两侧乳房不一定对称分布，乳头短，顶端有6—12个小排泄管口。汗腺不发达，只在趾球及趾间的皮肤上有汗腺，分泌少量汗水，所以狗怕热。在炎热季节，狗常张口吐舌、流涎、急促呼吸、加快散热，以弥补汗腺的不足。

狗一般每年有两个换毛期，晚春季节冬毛脱落，逐渐地更换为夏毛，晚秋初冬更换夏毛。触毛生长在唇、眼部、眉间和脚趾等处，长而粗，在毛的根部富有神经末梢，有很高的敏感性，所以狗的触觉相当好。

43

• 沙皮狗为何皱巴巴

　　最新研究表明，沙皮狗可能发生了遗传变异，酶素异常使得透明质酸积聚在沙皮狗皮肤表层，导致黏蛋白沉积症。这项研究刊登在《兽医皮肤病学》和《遗传学》期刊上。西班牙巴塞罗那自治大学的研究者发现，沙皮狗都有着黏蛋白沉积症，这些都是遗传性失调所导致。透明质酸主要存在于各种组织细胞的空间中，而沙皮狗中的透明质酸则不断积聚在皮肤组织和血管中，最终导致了黏蛋白沉积症的出现。科学家在对沙皮狗皮肤纤维原细胞组织的研究显示，一种叫 HAS2 的酶素是"肇事者"。科学家正在研究，怎样的基因突变导致了这种酶素异常。

狗是色盲吗？ ＞

狗并非完全色盲，但是算是弱视，颜色的分辨对它们来说很模糊。

狗是只能看到黑白二色的色盲——这确实是一种误解。不过，如果这里所说的"色盲"是指狗只能看到人眼可见光谱中的一部分，那就对了。大多数人会对"狗是色盲"这个简单的回答产生误解，认为狗分不出色彩，只能看到一片灰色。但他们错了，狗不但能够看见色彩还可以根据色彩来采取行动，只不过他们能看见的色彩不如人眼丰富多样而已。

要理解这一点，我们可以看看狗视网膜上的感光细胞。狗眼中的锥形体远远少与人类。而锥形体不仅能为我们提供看清细节的能力，还给了我们辨识色彩的能力。因而，狗能辨认一些色彩，却不如我们能见的那么丰富，那么明晰，原因在于它们的锥形体不够多。

要辨别色彩，光有锥形体并不够，还需要拥有几种不同种类的锥形体。每一种对应不同波长的光。大脑是通过不同的波长来辨认相应色彩的。人类经过长期的演化，如今拥有三种不同的锥形体：一种对应蓝色，波长较短的光；一种对应绿色，波长中等的光；还有一种对应橙色

波长较长的光。当光线进入眼睛，三种锥形体根据光波与之相匹配的程度，产生不同程度的反映。在三者的共同作用下人眼就有了全面完整的辨色力。因此一个正常人看到的彩虹是按赤橙黄绿青蓝紫的色彩排列的。

人类色弱症、色盲症最常见的原因是三种锥形体中某一种缺失造成的。只有两种锥形体的人仍能辨认色彩，只是能见的色彩种类要远远少于正常视力的人。

狗也是如此。它们只有两种锥形体，一种与人类对应的蓝色锥形体基本相同，另一种对黄色最敏感，介于人类另两种分别对应绿色和橙色的锥形体之间，因而可以推测，狗对红色的敏感度要远远低于人类。

45

• 狗眼中的世界是什么颜色的

科学家用有色光束照射狗的眼睛，分析反射光的光谱或波形，然后将结果与用同样光束照射人眼后反射回来的光的波形相比较。另一种研究犬科视力的方法是让狗来"告诉"科学家，它们到底看到了什么。在一组试验中，科学家向狗展示了一连串的三组光，在每一组中有两种为同一颜色。在经过一小段时间的训练之后，狗用鼻子选出与其他两组光线颜色不同的一组。通过变换光线的颜色并重复此过程，科学家确定：狗眼中的世界是由黑色、白色、深浅不同的灰色以及长波光谱（蓝）和短波光谱（红-黄）色彩组成的。

研究人员最终确定，狗能够分辨颜色，它们眼中的彩虹颜色不是赤橙黄绿青蓝紫，而是按深灰、深黄、浅黄、灰、浅蓝和深蓝来排列的。换言之，它们眼中的绿色、黄色和橙色都是黄色，而紫色和蓝色都变成蓝色。青蓝在它们看来是灰色。而红色是狗很难辨认的一种色彩，它们可将其看成深灰或黑色。

为什么狗在黑暗中也能看到东西 〉

和人类相比，狗的视力大约只有人的3/4。在所有动物种别中，狗的视力大约列在中等。但是狗对移动的物体具有特别的侦视能力：狗能够侦视到每秒钟移动70条线的画面，而一般电视画面线条的移动大约为每秒60条。

光线暗淡时，狗的视力也比人的视力要好。狗是天生的肉食动物，靠着捕猎而生存，所以它们在暗处也有相当的视力。狗的眼睛能看到短波长的色彩，所以在日出或日落时，狗比人看得清楚。但在毫无光线的黑暗之中，狗也无法看见。此外，狗的角膜也较大，容许较多的光线进入眼内，因而较易在光线暗淡处见物。

狗在夜间的视力比人类要好得多，美国威斯康星大学麦迪逊分校的最新研究确认，狗的夜视能力大概是人的5倍——它们能在大概为人眼可视的最暗亮度1/5的亮度下看见东西。狗在这方面比猫稍逊一筹，猫的夜视能力是人类的6倍。但狗比猫略胜一筹的是，狗几乎既能在亮处又能在暗处都保持良好视力。

狗之所以能在微弱光线中看清东西，原因之一是它们的瞳孔更大，可收集更多光线；原因之二，狗的视网膜中央有更多的感光细胞（棒状体），其中的感光化合物能对弱光作出反应；另外，狗眼球的晶状体离视网膜也更近，使得成像更明亮。但是它们的最大特长还是眼球中有一层反光组织，这种位于眼球后部的像镜子一般的结构能反射光线，让视网膜有二次机会捕捉到进入眼球的光线，因此提高了狗在弱光下的视力。正是这种结构让狗眼在黑暗中闪闪发光。不过，它也会散射掉一些光线，使狗在正常光线下的视力有所降低。

为什么狗的眼睛在夜里会发光 >

狗狗的眼睛在晚上的时候会发出微弱的光，有人说因为猫科和犬科动物眼球的结构比较特殊。当光线透过视网膜到达在眼球后部的虹膜时，被虹膜再次反射到视网膜上成像，这就是猫狗在夜晚也能借助微光狩猎的原因。从虹膜反射回来的光线仍然会透过视网膜，这就是微光下看到猫狗眼睛发光的原因。

科学家研究发现，动物的眼睛在夜晚放光，并非是简单地反射了夜晚中极其微弱的可见光，而是反射了人眼看不见的红外线，并且在反射红外线时令其发生蓝移，变成见光。如果不是动物通过肌肉给眼睛内的液晶膜施加压力作用，令液晶膜表面带有一定量的负电荷，从而使得大量液晶分子被维持在某一激发态或称亚稳态上，

动物的眼睛是不可能在夜晚放出可见光的，这样的可见光由于黑夜光强十分微弱，但具有与背景不同的奇特色彩，于是显出各种不同颜色。

某些动物在晚上活动时，其眼睛经常是呈荧光的颜色，例如猫的眼睛放绿光，牛的眼睛放蓝光，狼的眼睛放黄绿光。按照常识，在漆黑的夜晚照射到动物眼睛上的入射光的强度是很弱的，由此导致反射光的强度应该更弱，如果人们连入射光都看不见，怎么经过动物的眼睛一反射，反而看见了反射光了呢？难道入射光经过动物的眼睛反射后，反倒变强了不成？更令人惊奇的是，有些动物的眼睛并非在夜晚一定会放光，只要当其需要用眼睛搜索目标时，其眼睛就会骤然闪射出明亮的冷光，而到了白天，在外界的入射光增强的状态下，动物的眼睛反而不再放光了，这又是怎么会事呢？

众所周知，看上去好像一片黑暗的夜晚其实充满着人眼看不见的红外线。但是，红外线即使被物体反射，一般也不会变成可见光，除非被反射的红外线发生蓝移。在通常情况下，动物眼睛内的液晶膜分子是处于基态，无论其怎样排列，受到红外线照射的动物眼睛内的液晶膜是不会产生蓝移反射的。因此，动物的眼睛在白天和夜晚一般是不会放光的。

由上述分析可知，动物的眼睛在夜晚放光，并非是简单地反射了夜晚中极其微弱的可见光，而是反射了充满夜空的人眼看不见的红外线，并且在反射红外线时令其发生蓝移，变成了可见光，所以才有看不见入射光，人们却能看见动物的眼睛反射光的情况。

狗是否能注意到人的视线变化 ⟩

　　匈牙利布达佩斯中欧大学的认知科学家泰格拉什使用了一种先前用来测试儿童反应的技术，分析狗是否能注意到人的视线变化。

　　之前曾有一个测试儿童反应的研究，研究中儿童观看一段视频，一个女人左右各有1个玩具。女人会看着摄像机并用高声调说"你好"或者向下看并用较低的声调说"你好"，之后女子会向左边或右边的玩具看上5秒钟。研究者会记录孩子跟随女子视线看玩具的情况。

　　泰格拉什将这个实验改为了给狗做

的版本，把玩具换成了空的塑料桶。视频中一个陌生人会对狗说"狗狗你好"。当狗看视频时，一个经特别编程的摄像机会记录下狗的眼睛运动情况。

　　研究者使用了22条不同种类的狗，发现如果人能用高声调问好引起狗的注意的话，狗在69%的时间中会注意人的视线所看的桶。如果人起初没有和狗眼神接触，且问好时用的是低声调的话，狗就不会注意人在看哪个桶。

　　在这项研究中，狗表现出的行为几乎和6个月大的人类婴儿一样。

51

狗的嗅觉 〉

狗的感觉中，最发达的是对味道的敏锐。狗为了确定陌生的事物，无论是初次见面的人或初次到的地方，首先就是去闻味道，一直到它熟悉为止。对狗来说，味道是它的情报来源。但它也并非对所有味道都感兴趣。它对动物的味道非常敏感，表现出强烈的关心，但对花或药

径庭，对我们来说难以理解。

狗的嗅觉器官叫嗅黏膜，位于鼻腔上部，表面有许多皱褶，其面积约为人类的4倍。嗅黏膜内的嗅细胞是真正的嗅觉感受器，嗅黏膜内有2亿多个嗅细胞，为人类的40倍，嗅细胞表面有许多粗而密的绒毛，这就扩大了细胞的表面面积，增

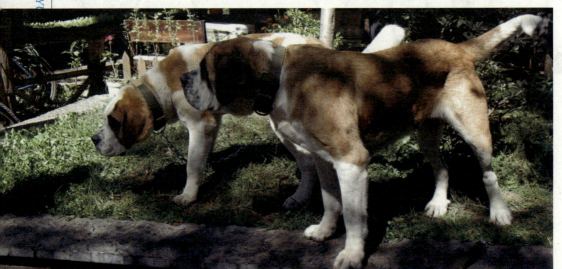

品的味道，却毫无兴趣。

对狗而言，鼻子不仅在脸上占据着最主要的位置，而且在大脑和它对世界的看法中也起着主导作用。人脑是围绕着视觉和与光相关的信息进行工作的，而狗的大脑活动却是通过气味，种类大大多于人类，因为它的意识常常与人大相

加了与气味物质的接触面积。气味物质随吸入空气到达嗅黏膜，使嗅细胞产生兴奋，沿密布在黏膜内的嗅神经传到嗅觉神经中枢——嗅脑，从而产生嗅觉。据估计，狗可以辨别的气味和种类约为人的1000倍到1万倍。

狗采集气味的能力远远超过人类。

狗并不是让气味自然地飘入鼻子，而是运用人类所不具备的一些特定的能力与构造，将气味从环境中采集出来。狗能够自由地摆动鼻孔，因而可以判断气味的来源。狗还有一种与正常呼吸不同的嗅闻，此时它其实中断了正常的呼吸进程。嗅闻的时候，包含了气味的空气首先到达鼻腔的一个多骨、架状的构造内，这一构造是专门用来保持包含气味的空气的，以免它随着狗的呼气而排出体外，使气味分子能够在鼻腔内停留并积累。当狗正常呼吸或喘气的时候，空气是穿过架状构造下方的鼻孔直接进入肺部的；而嗅闻可以短暂地把空气储存在鼻腔上部的

空间内以解读空气中成分。

狗的鼻子对那些有着特殊生理意义的气味敏感。尤其是信息素，这是动物分泌的一种用于传递信息（通常是同类之间）的有气味的化学物质。对于狗来说，分析信息素的气味，就等同于阅读用文字记录下来的关于另一只狗的状况。狗的尿液中溶有许多信息素成分，因此包含大量关于自身的信息。狗常常喜欢嗅闻其他狗走过的路旁边的消火栓或者树，以此了解它们世界中的时事信息，而那棵树就成了它们世界中散播最新消息的花边小报。

狗灵敏的嗅觉主要表现在两个方面：一是对气味的敏感程度；二是辨别气味的能力。狗对气味的感知能力可达分子水平。如当1立方厘米含有9000个丁酸分子时，狗就能嗅到，而在一般情况下每

立方厘米的空气中约有$2.68×10^{16}$个分子。因此，狗感受丁酸的浓度为$3.36×\dfrac{1}{10^{17}}$。二，有人将硫酸稀释千万分之一时，狗仍能嗅出。狗辨别气味的能力相当强，可在诸多的气味当中嗅出特定的味道。经过专门训练识别戊酸气味的狗，可以在十分相近的丙酸、醋酸、羊脂酮酸等混合气味中分辨出有戊酸的存在。警犬能辨别10万种以上不同的气味。

狗的嗅觉在其生活当中占有十分重要的地位。狗主要根据嗅觉信息识别主人，确定同类的性别，发情状态，母子识别，辨别路途、方位、猎物与食物等。狗在仔细辨别事物时，首先表现为嗅的行为。如我们喂给狗某种食物时，狗总是要反复地嗅闻之后才决定是否吃掉。遇到陌生人，狗总要冲着生人嗅其气味，有时未免使人感到毛骨悚然。狗根据留在街角的味道信息就可以判断在什么时候，谁从哪里来，又到哪里去。

人说狗的生活完全依赖鼻子，虽然有些绝对化，但以此来强调嗅觉对狗的重要性也不为过。

狗敏锐的嗅觉被人类充分利用到众多领域。警犬能够根据犯罪分子在现场遗留的物品、血迹、足迹等，进行鉴别和追踪。即使这些气味在现场已经停留了一昼夜，如果犯罪现场保护得好，警犬也能鉴别出来。人穿过的雨靴，虽经三个月之久，警犬也能嗅出穿靴的人。缉毒狗能够从众多的邮包、行李中嗅出藏有大麻、可卡因等毒品的包裹。搜爆狗能够准确地搜出藏在建筑物、车船、飞机等物体中的爆炸物。救助狗能够帮助人们寻找深埋于雪地、沙漠及倒塌建筑物中的遇难者。

你知道吗?

狗的嗅觉灵敏度位居各畜之首，对酸性物质的嗅觉灵敏度要高出人类几万倍。

 狗为什么有个黑鼻子

　　狗鼻子除了少数例外——如维希拉猎犬和魏玛狗的鼻子同它们身体的皮毛般配，分别是红色和银色。哺育期的小狗，开始时鼻子为粉红色，长大后才变为黑色，大多数狗的鼻子都是黑色的，为什么呢？

　　狗身体的其余部分有皮毛防护，只有鼻子曝露在日光下。鼻子为浅颜色的狗，如粉鼻头的狗、无毛狗，还有仅在耳朵上长有一点毛的狗，在户外活动时，同人一样，都需要涂抹防晒油，否则就有可能患癌症和被灼伤。狗的黑鼻子的表皮包含有皮肤黑色素，具体说来，就是棕黑色或者黑色的真黑素。黑色素细胞先产生出黑色素的原材料，将它们分泌到皮肤细胞内。皮肤被日光照晒，这些物质再进一步变黑。皮肤中的黑色素可以防止细胞内的 DNA 因受到阳光中紫外线的照射而发生突变。

狗的味觉 ＞

　　作为食肉动物，狗狗牙齿异常锋利，能够切断食物，其上下牙齿之间的压力可达165千克。狗的味觉感官位于舌头上，而且它的胃因嗅觉刺激分泌胃液。因为犬口盖中多了人类所没有的茄考生氏器，所以狗的味觉很迟钝，它不是通过细嚼慢咽来品尝食物的味道，主要靠嗅觉和味觉的双重作用。狗胃液中的盐酸含量为家畜之首，盐酸能使蛋白质膨胀变性，因此犬对蛋白质的消化能力很强，它在食后5—7个小时就可将胃中食物完全排完，但狗对粗纤维的消化能力差。

• 狗与盐

　　有的人认为狗不能吃盐，否则会影响它的嗅觉系统，还会有很重的体臭，但是狗如果一点盐不吃，就会无法生存。NRC是美国的饲料营养标准。这个标准建议，通常含水分10%的干狗粮中，食盐的要求量应有1%以上。如果体重为一公斤的狗，每天的狗粮量为20克；那么1条体重25公斤的萨摩，则每天至少需要盐500毫克，那么根据美国的标准，狗每天应该吃500毫克的盐。狗如果缺盐，会容易疲劳且亦易引起成长性停滞、皮肤较易干燥、皮毛脱落等。有人说，狗吃盐会掉毛，但实际可能恰恰相反，盐不够会掉毛。还是有人会担心，狗吃了过多的盐怎么办。这个其

实不用过于担心，狗的肾脏功能非常强大，只要别把腌制食品让狗偷吃了，就没有问题。如果发现狗大量偷吃了腊肉之类，就要给狗提供大量的清水，同时控制一次别喝太多，这样才不会发生问题。很多人认为狗需要的盐比人少。这个观点有些片面。不知大家知道不知道，给狗用的生理盐水和给人用的生理盐水，其浓度是一样的，不但如此，所有哺乳动物用的生理盐水，其浓度都是 0.9％。所以可以这么说，所有哺乳动物对盐的需求量都是相同的。当然，这是指每千克体重需要的盐相同。但为什么很多人感觉狗需要的盐没人多呢，这是因为一方面，绝大部分狗的体重比人轻，更重要的是，狗流汗比人少得多，而流汗可以排走很多盐。所以，不是人需要的盐比狗多，而是人排出的盐比狗多，所以需要补充的也就多了。

• 狗也吃草

狗的肠胃结构与人的不同，是狗吃草的重要原因。狗的胃很大，约占腹腔的 2/3，而肠子却很短，约占腹腔的 1/3，所以狗基本上是用胃来消化食物和吸收营养，容易消化肉类食物，不容易消化像树叶、草等有"筋"的东西。狗有时吃草，但吃得很少，偶尔也吐掉，狗吃草不像牛和马那样是为了充饥，而是为了清胃。另外，坚决不可给狗吃的食物有洋葱和韭菜。

狗的听觉 >

狗的听觉很发达，它们能听到的音频范围要远比人的宽得多，如人类只能听到16—20000赫兹的振动音，而狗却能听到高达100万赫兹的振动音。据测试，狗的听觉是人的16倍。它可以区别出节拍器每分钟振动96次、100次、133次和144次之间的微小差别。这对人而言，是难以想象的。

狗不仅可分辨极为细小的高频率的声音，而且对声源的判别能力也很强，可以辨别出远方传来的各种声音。晚上，它即使睡觉时也保持着高度的警觉性，对半径1千米以内的各种声音都能分辨清楚。立耳犬竖立的耳朵就像声音放大器，把细小的声音变得很大，而且耳朵可以随声音传来的方向转动，因此立耳犬的听觉比垂耳犬更为灵敏。

狗听到声音时，由于耳与眼的交感作用，有注视声源的习性。这一特征使猎犬、警犬能够准确地接听到声音，为主人指明目标，以追踪和围攻猎物。

狗对于人的口令或简单的语言，可以根据音调、音节变化建立条件反射，完成主人交给的任务。由于狗的听觉很灵敏，可以听到很低的口令声音，在训练时没有必要大声喊叫。当然，为了禁止或纠正

狗，可以用较严厉的口令。

值得一提的是，狗对频率高的声音比较敏感。有人认为，过高的声音对狗是一种逆境刺激，使狗有痛苦、惊恐的感觉，以致躲避，如鞭炮的响声、家用吸尘器的声音等都可以使狗的耳朵感到不舒服，甚至疼痛，平时应尽量避免。

狗的听觉系统很敏感，能听到人无法感觉到的超声波。人在13步之内才能听到的声音，狗在80步之外就能听到，并能准确地辨明发音地点。狗还能区别两种差别极细小的声音，比如能准确无误地从人群的混杂声音中辨明主人的声音等。但是，对于突如其来的较大声音，如雷鸣、飞机轰鸣声、鞭炮声等，狗会表现出一种恐惧感，并作出相应的反应。比如夹着尾巴逃避到安全的地方，钻进屋内或缩着脖子钻到窄小的地方；再就是对食物毫无兴趣甚至拒食，即使责备也无效。而且只要声音持续存在，狗的情绪就无法稳定，主人的安慰也不会有什么效果。狗的机体也会发生一系列变化，如呼吸加快、全身战抖、脉搏加快、体温升高等。

狗为何要汪汪叫 〉

从进化的角度来说，狗汪汪叫肯定是有理由的，要不这叫声肯定在漫长的进化过程中给淘汰掉了。这叫声是为了警告捕食者吗？可是周围没有捕食者的时候狗也会汪汪叫。它只是在玩耍吗？有些狗玩的时候也没有发出叫声呀。事实上，研究狗类行为的专家告诉我们，狗的叫声并没有固定的形式。它只是是一种多用途的响声。

另一件让人着迷的事情是：成年的狼并不会吠叫。它们只是嚎叫、哀鸣，但并不吠叫。狗是从狼进化而来的，那么，狗的这种吠叫声是从何而来的呢？

对此，来自美国马萨诸塞州罕布什尔学院的马克·范斯坦和雷·科平杰提出了一个理论。这两位生物学家注意到，虽然成年的狼不会吠叫，但是狼崽会。狼崽的吠声就好比是在它成长发声过程中的一

个中间产物。

数万年前，狼和人便开始进化成为可以友好相处的物种。你可以想象人们会时不时地向一只温顺的狼扔块骨头，但是"温顺"二字是关键，没人会靠近一只充满敌意的狼。因此，实际上，成千上万年以来，人类都在渐渐地、有意识地进行着选择，选择具有特定行为特征的狼群。这些特征包括爱嬉戏玩闹，温顺，合群。这些行为难道不像小狗吗？

现在明白这是怎么回事了吗？就像这样，一种类似于狼崽的物种开始慢慢的进化着。这一物种保留了那些幼崽般的行为特征，比如吠叫，它们也不会进化为嚎叫的成年狼。这一物种便是我们现在把它称之为"狗"的动物。

狗的触觉 >

狗和人不一样，它们没有类似人手的细腻触感，狗的皮肤也覆盖着厚厚的皮毛，可以说它们与外界接触的感觉器官里面，触觉是最差的。

取而代之，它们会用鼻子、嘴巴、舌头来感应外界。

但狗的身上还是有触觉的，能感受到你的抚摸，也会感受到痛，还有冷热。当你碰触到它的时候，它会知道是在摸它还是在打它，只不过就是反应迟钝一些。

狗狗有特别喜欢人碰触它的部位，譬如说，大部分的狗都喜欢你摸它的头部、颈部、背部、腹部，还有耳朵的外缘。但是狗特不喜欢别人碰触它们的鼻子，如果你用力弹狗狗的鼻子，它一定会马上躲得远远的。

常常可以看到狗狗舒服地瘫在地上，如果是自己家的狗，甚至会肚子朝上很放心地享受你的抚摸。

狗的触觉是由犬皮下丰富的神经末梢等构成。犬的触觉以耳、口角、趾、脚

63

掌及四肢末梢等部位较为敏感。主人在抚摸爱犬的时候，抚摸其头部和咽部会使犬有一种亲切的感觉。因此，给犬梳刷、拥抱都是对爱犬的一种最好的表示方法。应当知道的是，狗不喜欢人们触摸其臀部和尾巴，尤其是陌生人，一旦触摸狗的这些部位，狗往往十分反感，从而呈现攻击的姿势，甚至会咬人。狗的鼻部也是触觉敏感区域，主人惩罚狗时，可用手指轻击鼻部。

痛感与触觉紧密相关。在正常幼犬群中长大的幼犬被移送到人类家庭后常能有正常的痛觉反应。如果一只幼犬生活在孤独的环境中，它的痛觉感知力和其他能力会严重受阻，例如初次靠近火焰，孤独养大的幼犬会继续将鼻子伸进火中，直至出现灼伤水疱为止。它们也不会避让能引起疼痛的滚动过来的物体。在三月龄和四月龄以上的继续孤独饲养，许多幼犬会出现犬舍幽闭症，很难对任何事有所反应。要记住狗依赖于和其他生物一起生活来培育正常的感知和情感。这就是幼犬社交训练的重要性。

所有的狗都怕疼，但大部分狗都能

有较强的忍耐度，特别是以猎梗和帕特梗、牛梗类等为代表。它们也怕痛，但有超强的性格为基础。很多斗犬类，比如比特在战斗时无畏痛觉和伤害，勇往直前，是因为它们的梗犬基因有超高的进攻性和斗志，加上它们体内的睾丸激素的分泌量，无论公母都比一般犬种高很多。

这些狗特别是在战斗或兴奋时期，加上肾上腺素的急速上升，故基本感受不到太多的疼痛，加上它们先天的超顽强性格，才造就了大家以为它们是机器狗，无痛觉神经的常识性错误。

狗的胡子是用来干嘛的

我们都知道猫的胡子很有用，那么狗的胡子是用来干什么的呢？

狗的胡须的根部聚集着很多神经，无论什么东西碰到胡须，都能引起敏感反应。而且左右两边的胡须还有测量身体宽度的作用，通过胡须触碰的方式来判断身体是否能通过某处。

而且有些品种的狗胡须还对其嗅觉有辅助作用，剪掉胡须它们的嗅觉会变得迟钝。

65

狗的时间概念 >

几乎所有的狗都不会错过它们的用餐时间——它们准确地知道，在每天哪个固定的时间去哪里享用食物。他们也能精确无误地预测主人回家的时间，耐心地守在家门口，等待着他们的归来。当您

目睹狗狗的这些行为，可能会想，狗狗一定拥有精确的感知时间的能力。但是对于它们来说，时间概念究竟是什么样的呢？

研究者通过鸽子进行实验已经发现，生物钟可以帮助它们判断在何时何地可以找到食物。同样，狗狗可能使用生理

振荡器——日常的激素波动、体温变化和神经活动——来判断主人在什么时间会把食物放入它的餐具，或者主人何时可能下班回家。不是通过记住两餐之间的时间间隔，或者主人何时曾经喂它食物，动物只是通过每天特殊时间的生理状态做出反应。它们每天用同样的方式对这种刺激做出反应。

狗由于经验能知道时间。狗的身体里，可以说存有一个生物时钟，只要固定时间喂它吃饭，带它散步，等它习惯之后，时间一到它便会自动来催促你。如果改变带它出去的时间，

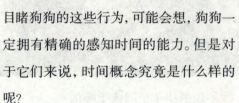

不久之后，它就会自动调整配合新的时间。

所有动物都有生物钟，但狗看似对诸如何时起床、何时散步、何时喂食、何时主人离家和归家等养成了一种离奇感觉。科学证明这种知觉会精确到每24小时只有30秒的误差，这也是引起狗分离性焦虑的原因。有些狗在暴风雨和地震发生前几天会表现出不安和退缩。它们有可能感受到湿度、气压、阴阳离子比例的变化。许多狗在天空中乌云出现前已逃得无影无踪了。在风暴时越害怕的狗越有气象预报功能。

狗会"读心术" 〉

狗对人的情绪反应非常敏感。人如有高兴、哀伤、生气、害怕等情绪的激烈变化时，血液中的肾上腺素激增，身体的味道也会因此产生变化，狗对这种感情的味道最敏感。

狗的情绪会因为主人而受到影响，尤其是那些较为敏感的狗。如果主人的情绪是烦躁不安，也会使狗产生焦虑等情绪。因为狗总是不断地观察主人，并了解主人的情绪、态度，然后根据它获得的信息做出不同的反应。也因为这样，狗在主人眼中是很懂事的。当自己高兴时，狗可以陪自己玩；当自己不开心时，狗也会给主人安慰。无论你对它说多少话，它也不会明白你到底是为什么不高兴，也不知道你为什么又高兴，它们只是对你的情绪作出判断。

67

• 狗能听懂人类语言吗

有很多主人经常和狗说话，并且认为它是能够听懂我们的语言的，但实际上狗是不会理解人类语言的。有人认为，自己和狗说一些难过悲伤的事时，它就会像能够听得懂一样，总是安静地陪着我们一起难过。但实际上，狗之所以难过并不是因为它听懂了主人说的话，而是因为主人的情绪、说话的语气、动作等多方面的因素感染了它。所以它也变得很哀愁忧伤，而它这样会使得主人更加疼爱它。

狗虽然不能够明白我们的语言，但它能够理解单词，大多数的狗能够记住超过300个单词。比如说它们都会很快地知道自己叫什么名字。当一只小狗来到一个新家庭后，主人会不断地和它沟通并呼唤它。而狗通常情况下对自己的名字有反应，只需几天的时间。相同的道理，训练狗时，狗会对主人发出的口令做出响应的反应。实际上这些反射性的动作，是狗对于单词的反应。

比如说，带狗出门散步时，你跟狗说

"今天的天气很好"，它不会作出什么反应。但如果是经过了训练，你只需对狗说："天气！"它便会抬起头看天，所以说狗只能理解单词而不会理解我们的语言。

• 狗的肢体语言

其实狗也是有情绪的，它们会在开心时摇尾巴。耳朵竖立起来并一直盯着一个地方时，表示它正在精神集中。在它害怕和恐惧时会背起耳朵，夹起尾巴。狗在表达情绪时最明显的特征就是肢体语言。对于狗来说，能够露出牙齿表示威胁的狗，便是地位高的狗。而地位低的狗会露出腹部，并且四脚朝天。这就是狗的沟通的方式，也就是说那是它们自己的语言。

所以说对于肢体语言，狗的敏感度特别的高，它们特别善于观察。可以从同类的眼神、动作、叫声中做出相应的判断，并互相沟通。因为这样的原因，狗的祖先才可以共同协作，组成它们的群体。在动物的社会里，森严的等级制度使得它们不得不保持良好的互动和沟通。以此才可以使整个群体得以延续和生存。而肢体语言是它们沟通最主要的途径，就像我们人类的手语。

69

• 懂你是它与生俱来的才能

据《发现》杂志报道，最新一项学习与行为的研究显示，狗之所以与我们活动如此协调是因为它们可以读懂我们的思想，并且这项能力很有可能是与生俱来的。

来自美国佛罗里达大学的莫妮卡和她的小组想知道为什么狗会如此聪明地阅读我们，它们是怎样做到的；狗感知我们身体状况的这些能力是与生俱来，还是经验而生？

为了探究这些以及更多的问题，莫妮卡和她的团队开展了两项试验，既包括狼也包括狗。在实验中，这两种动物被给予了向人讨要食物的机会，一种是肯帮忙的人，一种是从来看不见乞讨者的人。

研究人员在第一次的实验中发现，狼和家犬一样有着通过接近肯帮忙的人成功地讨要到食物的能力。这表明这两个物种——驯化的和非驯化的——有着根据人们的注意力状况作出反应的能力。由于狼不可能像宠物狗那样在晚餐或者其他时间通过乞讨来获得赏赐，因此，他们可能天生具有此种能力。

而且，某些狗比其他狗更能察言观色。动物收容所中的狗比不上养尊处优的看家犬，这表明人类的露面使狗更能磨练它们的人类阅读技能。

据研究人员的说法，"这些结果表明，狗的这种领悟人类活动的能力是基于把人类当做是社会伙伴，并且跟随人肢体语言和表情语气以获得强化。这种注意力的暗示，提出要求的环境还有以往的经验都非常重要。"

狗也会打呵欠？ >

与人类一样，狗在想睡觉或无聊时也会打呵欠。另外在紧张时也会打呵欠，所以有的狗遇到要训练时会打呵欠，它可不是想偷懒，而是因为紧张喔。

研究表明，狗在人打呵欠时也会打呵欠，不过它们是把它作为一种与主人"神会"的方式。

研究人员将29条狗和一个打呵欠的人关在同一个房间里，结果发现21条狗也开始打呵欠。打呵欠最多的是一条博德牧羊犬，在几分钟的时间里打了5个呵欠。拉布拉多猎狗和斯塔福郡斗牛梗同样比较敏感，但其他品种的狗有很多只打了1个呵欠。

研究表明，只有45%的人会被其他人的呵欠传染。而在另外已知的惟一展示出这种现象的黑猩猩中，只有33%会被传染。研究人员有这样的发现：对会传染的呵欠敏感的人更能读懂其他人的表情。而狗狗们可以把打呵欠作为主人忙碌了一天回来后与主人神会的方式。研究人员说："狗拥有非凡的能力破译来自人类的社交信号，因此，它们拥有移情的能力也有可能，而这是打呵欠会传染的基础。"

● 狗的生活习惯

狗也会说梦话 ＞

　　细心的你可能早就发现，狗睡着后有时身体会颤抖，腿脚会抽动，还会甩尾巴，甚至还会突然叫出声来——这是它们在做梦吗？研究发现，狗的脑结构与人类相似，在睡觉时脑电波模式也类似，还会经历与人类似的睡眠阶段，这些发现都表明，狗也会做梦。那么，人们是怎么证明狗能做梦的呢？

　　我们知道，位于脑干上的脑桥是一个特别的部位，它使我们在做梦时能在床上老实待着。科学家正是利用了这一点，在实验中抑制狗这个部位的活性，这样一来，狗做梦时的活动就能够直接观察到了。

　　结果和预想的一样，虽然狗还处于睡眠状态，但是它们竟然能够活动，而且这种活动只在睡着后某个阶段才开始，这些活动很可能是它们的日常生活在梦境里的反映。

　　与人类相同，狗的睡眠也主要经历两种阶段：非快速眼动睡眠，又称慢波睡眠和快速眼动睡眠。

　　狗睡觉时，先进入非快速眼动睡眠阶段，这个阶段主要用来让大脑休息，此时它们往往意识模糊，不过肌肉仍然处于紧张状态；之后，进入快速眼球运动睡眠阶段，主要用于恢复体力，此时肌肉完全放松，脑部活动加快，眼球快速转动。

　　在非快速眼动睡眠阶段，狗脑电波频率变慢，振幅变高，比较容易被叫醒。相反，在快速眼球运动睡眠阶段，狗脑电波频率变快，振幅变低，和狗清醒时相似。这时，狗可能会像跑步那样动腿，兴奋地叫唤，急促地呼吸，甚

至有时会屏住呼吸。对人类来说，做梦和眼球转动是快速眼动睡眠阶段的典型特征，狗也不例外。

其实不通过脑手术或脑电波也很容易判断你的狗什么时候做梦。你只需从它打盹时开始观察，当它呼吸变得很均匀时，表明它已经睡熟。一只中等大小的狗，大约在睡着20分钟后开始做梦。此时它的呼吸会变得越来越浅，并且不均匀，也许还伴有身体抽搐。

如果你观察够细致的话，甚至可以看到狗的眼球在眼皮后快速转动。这是因为狗正在看梦中的那些活生生的图像，而这种眼球运动正是做梦的典型特征。在人类的类似实验中，当受试者在快速眼动睡眠阶段被叫醒时，几乎所有人都能清楚地记得自己正在做梦。

兴奋过后、经历新鲜事之后或事情使它伤脑筋时，狗就会做梦。虽然睡熟了，可是脚还会轻轻抽搐，身体微微战抖，更严重的还有睡迷糊了还在叫或边睡边喃喃自语地做噩梦。

73

狗为什么不出汗 >

狗不会出汗，也不会因为热而停止活动；狗的身体不能自我调节温度，狗也不会自己照顾自己及时补水；狗的汗腺全在舌头上，所以看到狗吐出舌头喘气说明狗很热，需要喝水降温或静下来停止活动；短鼻子的狗比长鼻子狗更怕热，更不容易散热。狗正常的体温应该在37.8℃~39℃，体温到达40.65℃时内脏器官开始受损，体温到达41°C以上时就属于高度危险了。在高热的环境或者是高湿闷热气候下，最快20分钟就有可能使狗的身体系统衰竭而死亡，所以中暑是夏季或其他闷热天气条件下对狗健康的最大威胁。

炎炎酷夏，狗儿嘴巴大敞，口水横流降温，就像人类通过腋窝流汗降温一样，但是，狗的舌头实际上并不流汗。

人类、马等体毛稀少的动

物，当汗液从身体中蒸发的时候，体温会降低。狗这样的长毛动物，流汗只会令身体黏湿湿的，因此，狗伸出舌头，气喘吁吁地放松。

美国俄亥俄州立大学热生理学家杰克·布朗特说："蒸发皮肤表面或舌头上的液体会耗散以体温形式出现的热量，当蒸发带走潮湿，体温就会下降。"

过去几年里，科学家已经探明了狗的体内调温机制，该调温系统通过把热血传输到舌头、吐咽唾液、引发快速微弱的呼吸对炎热做出反应，当温热的空气流过潮湿的舌头和呼吸器官时，它蒸发了湿气，从狗的血液中带走热量。

除了降低体温，这个过程也为大脑降温，冰冷的血从鼻子和舌头流出，为流到大脑的血液降温，使得体内的热感应器官比体内其他部分温度低。该降温系统对鼻子短的动物不适合，例如，狮子狗鼻子很短，堵塞了空气通道。

为什么狗鼻子总是湿的 >

狗鼻子是衡量狗体温正常与否最直观的器官。正常的狗鼻子应该是湿润并且冰凉的。

为了保持嗅觉的敏锐，对于狗来说，在做任何事情的时候，嗅觉都是不可或缺的。如果吸入的空气是湿润的，狗会更容易感觉到气味。

空气中漂浮着很多微小粒子，这些微粒是气味的来源，会伴随着呼吸进入鼻子里。为了闻到空气中的气味，组成这些气味的微小粒子会被吸附在鼻孔内的黏膜上。如果黏膜是湿润的，微小粒子就更容易吸附在上面。

所以狗的鼻子会分泌一些水汽让鼻子湿润，当天气比较热的时候，他们也会经常用舌头舔湿鼻子，保持湿润。

75

狗的语言 ＞

狗是有感情、有表情的动物，狗除了吠叫之外，它的眼、耳、口、尾巴的动作以及身体动作，都可以表达不同感情和意义。

狗与狼的肢体语言很相似，狗在安静时，身体姿势放松脸部表情和平，耳朵停留在正常位置（品种有别），尾巴下垂，身躯不会拱起或提升，眼睛微闭、唇部与颈部肌肉松弛。当狗很有信心并要向另一只狗显示它的权威与优势地位时，身躯稍微拱起准备随时采取行动。

当两只狗相遇时，有时用身体姿势表示优势或顺从。有时一只狗会将前爪放在另一只的背部或尝试驾乘另一只狗。只有很少的情况下会出现一只狗将头部压在另一只狗的背部或颈部以显现它的主导优势。大部分情形是狗很轻易区分出差异，终止交流或进入游戏或和平的分手。事实上狗会打架都是主人涉入、干预或终止狗儿们都熟悉的沟通行为。

狗的眼睛能看出心情变化。生气时瞳孔张开，眼睛上吊，变成可怕的眼神；悲伤和寂寞时，眼睛湿润；高兴的时候，目光晶亮；充满自信或希望得到信任时，决不会将目光移开；受压于人或者犯错误时，会轻移视线；不信任时，目光闪烁不定。

狗耳朵也能表现情感。当耳朵充满力气向后贴时，表示它想攻击对方。而当耳朵向后贴却很柔软时，表示高兴或是

优美地扭动着, 还摇尾巴。

狗用身体的战栗表示恐惧。狗在恐惧时, 全身毛发直立, 浑身战栗, 身体不停地抖动。同时尾巴下垂, 或者夹在两腿之间。

狗并不会像人那样明显地展示出痛苦的症状, 因为狗是捕猎者, 它们的策略是要将注意力集中在兽群中最脆弱的个体身上。一只狗若是表现出痛苦和受伤, 就会自动引发其他狗的捕猎本能。这是捕猎者的一种适应性反应, 这样它在攻击一只受伤的动物时, 自己就不容易遭到伤害, 而被捕的动物逃跑的可能性会更小。

如果你的狗在呜咽、哭泣或是喊叫, 那就是痛苦已经达到相当剧烈的程度, 超过它的保护极限和正常的保留范围。这时的狗受伤太过严重已经不在乎周围的看法了。但是通常情况下, 狗痛苦的表现没有那么明显。它们会过度喘息,

在撒娇。

狗的尾巴最能正确表达它的感情。尾巴摇动, 表示喜悦; 尾巴垂下, 意味危险; 尾巴不动, 显示不安; 尾巴夹起, 说明害怕。

狗用全身的紧张状态来表示自己的愤怒, 眼射凶光、龇牙咧嘴、发出喉音、毛发竖立, 尾巴直伸, 与它发怒的对象保持着一定距离。如果它身体前半部分下伏, 身体后半部分隆起, 做扑伏状, 那就是要发起进攻了。

狗用沉默来表示自己的哀伤, 哀伤时常低垂脑袋, 无精打采, 或可怜巴巴地望着主人, 或躲到角落静卧。

狗用跳跃来表达它的喜悦, 狗也会"笑"; 嘴巴微张, 露出牙齿, 鼻上蹙起皱纹, 眼光柔和, 耳朵耷拉, 嘴里哼哼叫唤, 身体

77

即使在不太炎热的环境下休息也呼吸急促。有时候狗会显得特别好动不安，躺卧或坐下时频繁变换姿势。在另一种极端情况下，它们又会特别不愿意改变身体姿势。狗受伤时可能会一碰就逃走，或特别注意保护身体的某个部位，甚至表现出不寻常的侵略性，在有人触碰或是靠近时吠叫或做出威胁姿态。它们也常常舔舐受伤的部位。受伤的狗会胃口大减。狗痛苦的其他生理表征还包括心跳加速，瞳孔放大和体温的升高。

狗为什么摇尾巴 ＞

狗尾巴的动作是它们的一种"语言"。虽然不同类型的狗，其尾巴的形状和大小各异，但是其尾巴的动作却表达了大致相似的意思。一般在兴奋或见到主人高兴时，就会摇头摆尾，尾巴不仅左右摇摆，还会不断旋动；尾巴翘起，表示喜悦；尾巴下垂，意味危险；尾巴不动，显示不安；尾巴夹起，说明害怕；迅速水平地摇动尾巴，象征着友好。狗尾巴的动作还与主人的音调有关。如果主人用亲切的声音对它说："坏家伙！坏家伙！"它也会摇摆尾巴表示高兴；反之，如果主人用严厉的声音说："好狗！好狗！"它仍然会夹起尾巴表现不愉快。这就是说，对于

狗来说，人们说话的声音仅是声源，是音响信号，而不是语言。人类的微笑和狗摇尾巴是类似的沟通形式。

动物学家们还发现了狗尾巴摇摆所能反映的其他情绪，如果一条狗很开心的话，那么它的尾巴通常是水平方向摇摆的，而且摇摆的宽度很大。如果狗的尾巴高高翘起，并且仅仅是尾巴的末端摇摆的话，那么这只狗肯定是准备发起攻击。狗尾巴的活动还与它们的嗅觉和健康状况密切相关。狗尾巴摆动的频率反映了狗的健康与兴奋的程度，摆动得愈快，表明其愈兴奋和健康，摆动得慢则表明其虽然有兴奋感，健康却不佳。

狗怎样划地盘 〉

成年公犬每次尿尿或便便以后，会用后爪子踢土，即便是在家里地上没有土的地方，狗狗也会习惯性地踢几下，为什么这样呢？

有的主人以为狗狗便便以后踢土是在埋自己的大便，其实是错误的。如果狗真的想埋藏东西的话是会挖洞，然后用鼻子推土盖起来。

狗这么做的原因其实是出于天生的习性，目的是为了用气味做记号，在用这种方式显示自己的势力范围。这点很像狗用尿尿来占地盘，四处尿尿就可以把别的狗留下的味道盖掉，狗的便便也有同样的功能，可以证明它来过这个地方。

79

而狗尿完或便便完再踢土，可以把带有它气味的东西扩大范围。而且因为狗脚掌上有汗腺，尤其是当它运动后流汗再踢土的时候就可以把汗味留在土里了，让其他狗闻到就知道是它留下的味道，说明这是它的地盘。也就是说，用脚踢土的动作可以强化狗的气味，扩大气味的范围，强调它的存在。

狗很喜欢在垂直地面的墙面上撒尿留下印记，因为高处的气味能被风传得更远。尿液痕迹的高度往往也能表明这只狗的大小。在狗的世界里，体格大小是决定领导力的一个重要因素，因而，重视领导力的雄性狗都养成了撒尿时抬起后腿的习惯，这样它们可以把尿液撒到更高的地方，而且尿液留得越高，就越不易被其他狗的尿盖过而模糊了留下的气味……

尿液的气味还能传递关于狗情绪的信息。情绪的变化往往伴随着一组压力激素的释放，这组激素会进入大多数体液，不仅是血液，还有汗液、尿液和泪水，因而，一只恼怒的狗留下的气味和一只欢乐的狗留下的气味是不同的。

还有一些人认为，动物可以"嗅出恐惧。"

你应该看到过狗狗会时常抖动身体吧，有人以为是狗爱干净，把沾到毛上的尘土抖掉，其实狗是在利用抖落的毛发和皮屑留下味道，目的还是显示自己的存在。还有的狗喜欢在草地上躺着蹭或是打滚，这也是把自己的味道留下好让其他狗闻到的一种做法。

• 狗的社交礼仪

　　当两只陌生的狗在无人带领下自由相遇时，它们会花一段时间相互认识。开始时狗会站直，再慢慢小心靠近，经常采取间接绕圈互相接近。直接接近常被解释为有威胁性的动作。靠近后互相嗅闻，先闻头部脸部，再闻味道最强烈的生殖器部位，再下来狗可能就此走开，交流结束或其中一只狗尝试开始游戏，它将前爪举在空中挥动，前躯下俯或叫声邀请一起游戏。游戏式打斗看起来粗野，但是都明确的依据它们的社交规范进行，不会重咬也很少有明显的强势主导行为。

狗的等级争夺战 〉

"WANGXINGREN"DEMIMIHUAYUAN

在狗的心目中，主人是自己的自然领导，主人的家园是其领土。这种顺应的等级心理沿袭于其家族顺位效应。同窝崽犬在接近断奶期时，便已开始了决定顺位的争夺战。

刚开始并没有性别差异，一段时间后，杰出的公犬就会镇压其他犬。其实这种顺位等级心理，崽犬出生时便已存在。比较聪明的崽犬在全盲的时候，就已开始探索乳汁最多的乳头，如果其他犬也来吸，它就会从下面插进去将这只犬推开，抢回这个乳头。

在犬的家庭中，根据性别、年龄、个性、才能、体力等条件决定首领。往往公的、年龄大、个性强、智慧高的为家长。家长的权力是至高无上的，家族中的其他成员只能顺从于它。对崽犬而言，父母犬是自然的家长。当年轻的崽犬发现了某种情况，并不会立即独自跑过去，而是站起来，以等待指示般的紧张表情回头看家长，如果家长站起来就高兴地跟在后面。如果家长不理它，依旧躺着，那么这条年轻犬心里虽然很想动，也不得不再度坐下来。此外，我们经常发现，当母犬(家长)从外面回来时，家族中的成员会兴奋地跑跳，争相围绕在它的身边，舔它的

等级心理，掌握等级顺位，优势序列，选择出优秀的头领犬。

在犬的家族中，犬知道自己的顺位，对于自己的地位绝不会搞错。有研究者提出，犬对人的顺位也很了解，并且大体上与我们所认定的顺位一致，例如主人、妻子、小孩、佣人的顺序。在家养犬中，犬对一家人的话并不是都服从，而只是服从自己主人的命令，主人不在时，才服从其他人的命令。这表明了在犬的心目中，主人是最高等级，其他人是次要等级，自己是最低等级。犬在其等级心理的支配下，还会想方设法亲近主人或最高地位者，以获得他们的保护，在首领的影响下提高自己的顺位。正是犬的这种等级心理，犬对主人的命令才会服从，才会忠于其主人。如果犬对主人的等级发生倒位，则常出现犬威吓、攻击主人的现象。

嘴边、鼻子，使它几乎无法动弹。相反，家长一声怒吠，成员往往会胆怯畏缩，有的甚至会腹部朝上仰躺，等待家长的责备。这都是犬族等级心理及理智直觉的外在表现。

同样，在一个犬群中，也存在着顺位等级，这种顺序我们可以在将一群犬叫进犬舍时看出，往往犬群中的领导者领先，然后依照位次，逐一进入。最后进入的犬从不争先，只因为它明白自己处于最低位。有时，这样的犬会同时受到许多犬的攻击。犬的这种理智的等级心理，维护着犬群的安定，避免了无谓的自相残杀，保证了种族的择优传宗，繁衍旺盛。犬在等级心理的支配下，也会发生等级争斗行为。人们通过观察争斗行为来了解犬的

狗的感情 >

在很多狗主人眼里，对一只狗好，也许只花你一部分的时间，而它却将一辈子回报于你。如果你愿意——狗，它知道怎样感动你的心。可事实的确如此吗？你的狗真的爱你吗？狗为何对主人如此忠诚？

研究人员发现，几乎所有的动物都具有群体意识，作为狗祖先的狼在这一点上就更为突出，一只离群的狼是会很快死去的。狗和人生活在一起，它就理所当然地把这个家里的每一个成员看成"狗群"里的一分子，群体的生存是需要每一个成员团结友爱和相互支持的。所以当发生危险时，至少当狗认为是危险时，它就会很自然地保护家里的每一个成员。当然，有时候它向我们寻求保护也是

非常自然的。

在每一个动物群体里都只能有一个首领，这个首领应该符合高大、严厉的条件，所以会得到所有成员的尊重和服从。狗总会在家里找到这么一个角色，多数时候会是家里的男主人，所以它对男主人总会言听计从，而对于平常喂养它的女主人或者小朋友有时候却会漫不经心。当狗认为你不是它的群体中的一员，那它可就厉害了，这其实也是群体中主动驱赶外来者的习惯，并非"狗眼看人低"。

与人交往是狗天生的习性，尤其是与孩童交往，而这天生的习性常取决于

3到7周龄时与人接触"印记"的程度。如果狗出生的头两个月只和它父母或其他狗在一起，或没有真正了解人，很容易产生不爱和人交往且不好训练的情况。如果从小就受到人的爱抚，这就使它认识到人是它的朋友，熟悉人的气味。这就会养成爱与人交往的性格。

研究人员认为，狗的情感会进一步巩固种群内部沟通，如狂吠、低吼或露出牙齿显示它们的愤怒和进攻性。但小狗的眼睛中流露出的到底是真爱，还只是它们试图从你手中得到食物的一种伎俩，至今尚无定论。只要科学仍旧在发展，那么你家爱犬快乐地摇着尾巴的真正含义就有待于科学进一步做出解释。但不管怎么说，狗把它们的所有给了我们人类，把人类视为它们的宇宙中心。我们是它们爱、忠诚和信任的对象。毋庸置疑，人类最聪明的决定就是选择了狗作为好朋友。

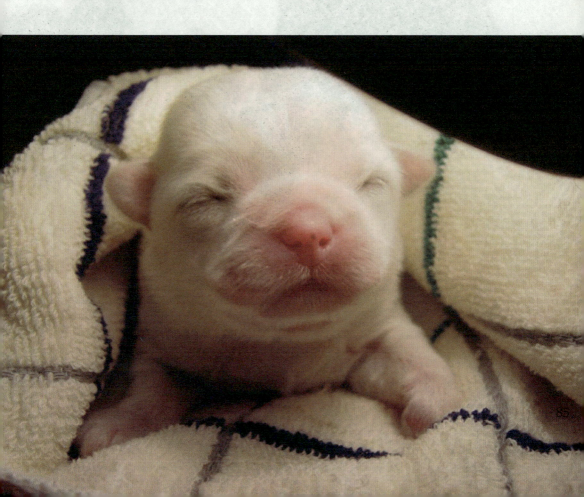

狗被独自留在家时，为什么会搞破坏

我们把狗自己留在家里，回家之后可能会发现家里乱成一团，甚至有些家具上会有它啃咬过的痕迹，为什么呢？

因为狗有强烈的群居欲望，有些狗无法接受形单影只。当它被单独留在家里时，往往会因害怕不速之客的侵袭而吠叫、嚎叫、惊慌失措、随地大小便。有些被留下的狗喜欢把主人摸过或用过的东西搜罗到一起，将主人的气味环绕起来形成一座屏障，如果东西太少不足以形成一个保护圈时，狗就会把它们咬成碎片铺开来。

狗的寿命 ＞

一般狗的寿命是10—15年。最高纪录是34年。

狗1岁左右进入成年，2—5岁是壮年期，7岁后为老年期。饲养寿命相对较长；大型狗寿命较小型狗短；杂种狗比纯种狗寿命长；公狗比母狗长寿；黑色狗比其他色狗长寿。

狗能活多久，最主要的因素在于血统和品种，其次环境、卫生、运动、饮食习惯和饲养管理等方面的因素都对狗的寿命有一定的影响。有些品种的狗寿命较长，可以活18—20年，甚至20年以上；有些品种的狗寿命较短，只能活12—15年。大多数的狗平均年龄在14年左右。

＞ 宠物狗寿命排行榜

迷你贵宾犬 14.8 岁
拉布拉多猎犬 12.6 岁
玩具贵宾犬 14.4 岁
美国可卡 12.5 岁
迷你腊肠犬 14.4 岁
柯利牧羊犬 12.3 岁
惠比特犬 14.3 岁
阿富汗猎犬 12.0 岁
松狮犬 13.5 岁
金毛寻回猎犬 12.0 岁
西施犬 13.4 岁
英国可卡 11.8 岁
比格猎兔犬 13.3 岁
爱尔兰雪达 11.8 岁
北京犬 13.3 岁
威尔士柯基 11.3 岁
喜乐蒂犬 13.3 岁
萨摩犬 11.0 岁
边境牧羊犬 13.0 岁
拳师犬 10.4 岁
吉娃娃犬 13.0 岁
德国牧羊犬 10.3 岁
猎狐梗犬 13.0 岁
杜宾犬 9.8 岁
巴吉度犬 12.8 岁
大丹犬 8.4 岁
西高地白梗犬 12.8 岁
伯恩山犬 7.0 岁
约克夏犬 12.8 岁
此外，串种的寿命在 12.6 岁。

狗和猫是天敌吗 ＞

猫与狗是一对不折不扣的冤家，尽管它们往往能够独立地与人类友好相处，但它们之间的仇恨似乎与生俱来。狗猫追咬决斗一场、不欢而散的场面随处可见，但是，猫狗究竟为什么不和呢？据德新社报道，最近，德国汉堡大学的动物学家哈拉尔德·施利曼指出，猫狗结怨主要在于两者交流不畅，但根本原因则是缘于长期进化过程中对生存资源的残酷竞争。

在现实生活中，但凡有猫狗相遇的场面确实都表现得不太美好，两种动物只要相逢，似乎必定是一场"山雨欲来风满楼"的紧张氛围。其实即便是从小生活在同在一个屋檐下，两者也很难融洽相处，不是猫对狗怒目而视，就是狗对猫龇牙狂吠。

猫狗结怨主要缘于它们的生活习性

与"情感的表达方式"有着巨大的差别，甚至根本相反。如果一只猫咪对你竖起尾巴时，表明它正向你示好；而如果一只狗对你竖起尾巴，则表明它正对你充满敌意。相类似的，如果猫发出呼哧呼哧的声音，则是它惬意地向人邀宠，而当狗鼻子喘着粗气的时候，那你可得躲得远点，因为它们那是真的发怒了。

不过，施利曼的理论认为事情远非如此简单。他相信猫狗的长期敌对关系，更主要是由于在长期进化过程中迫于对生存资源进行争夺而造成的残酷竞争。

"实际上，在猫与狗的怨争背后，远远不只是这样交流误解的问题。"

施利曼指出，这首先是一个深刻的、有着上千年历史的敌对状态，因此有必要考虑回溯到猫与狗在野生状态下的生存背景。猫和狗的祖先都是生活在大约6500万年前的早期食肉动物，但随后逐渐沿着两条轨迹开始进化，成为猫科和犬科。

当时猫和狗并不像今天这个样子，它们体型相差不大，躯体长，四肢短，上下颌有44颗强而有力的牙齿。猫狗都是专门扑猎小型草食动物的老练杀手，由于它们捕食同样的猎物，经常因抢食而发生争斗。此后，由于狗的进化较快，早在1.5万年以前，狗就已经成为人类的伙伴，而猫则比狗经历了更加漫长和艰苦的努力，在大约9000年前才脱离野生世界。正因为此，狗较猫更有优势，在各种猫狗大战中狗总是胜多败少。

猫狗这样的敌对关系，在野生动物中普遍存在。如对于狼或者狐狸以及野猫来说，它们与猞猁之间也有着深仇大恨；对于狮子和豹子而言，当它们狭路相逢时，也常常会出现一番争斗。他们结怨的原因在于进化过程中，它们不幸形成了

有着一些基本相同的口味嗜好，也就是说其捕杀的猎物往往相同，这些野生动物之间因此而出现了简单且直接的竞争关系。

狗比猫更容易生病

在食物链的位置越低，隐藏疾病的任何征兆就越重要。明显的疾病或疼痛对食肉动物来说是危险的信号。就好像你身上有这样的标语"容易到手的午餐，伙计们，快来吃我吧"。

现在，即使是很小的狗也由基因决定了是肉食动物。所以把狗看做狼的近亲也是有道理的。至于鸟类，也许能知道它是否生病的惟一途径就是死亡。而猫的情况与狗和鸟相比，就更有趣了。一方面，猫是食肉动物；另一方面，它们身材矮小很容易被捕食。所以，猫比狗更加要隐藏自己的弱点或病状。

那么，要怎样判断宠物是否需要医药治疗呢？首先，相信预感。没有人比你更了解你的宠物。当你注意到它们生活习惯上尽管是非常微小的变化，也要请兽医对其进行检查。而猫生病的其他征兆，可能就是精神不振、食欲不佳等。

狗也有强迫症 〉

"WANGXINGREN"DEMIMIHUAYUAN

有时候，人们可能会发现，狗好像有时有异常、莫名的重复性行为，如舔腿。别大意，它可能得了一种和精神焦虑相关的犬强迫性紊乱症。科学家估计有2%的狗会患此病。其中包括嗜舔、追尾、空口吮吸、同声调或同音量的重复犬吠。这不但影响宠物和主人的关系，还可能给狗带来健康隐患。比如，狗如果舔有伤口的地方，可能会感染。一些患病的狗可能不吃不喝。

这种疾病和精神因素与压力或焦虑有关，而且耽搁得越久，越难治愈。去看看兽医吧，特别是有治疗行为障碍动物经验的。安定的外界环境、宠物和主人间频繁的互动、纠正宠物的行为习惯、加强宠物的锻炼，对一些狗的治愈是有所帮助的。

此外，现在科学家在研究选择性5-羟色胺再摄取抑制剂是否能治愈狗的这种病，因为研究证明选择性5-羟色胺再摄取抑制剂在治愈人类强迫症上疗效显著。

狗为什么爱吃骨头 >

估计很多人都想不明白，到底为什么狗，以及其他很多食肉动物都愿意做这么没效率的事情——宁愿花上好几个小时，费尽力气又是刮又是咬的，只为把这么点看起来没多少营养的骨头吃干净呢？

在食物短缺的艰难时期，一只骨瘦如柴的动物身上最后的脂肪储藏器就是它的骨头。骨髓差不多一半以上的成分都是脂肪，除此之外，骨头中还有一种叫做骨脂的油脂，是它把各类钙质连接在一起形成了骨骼，这种脂肪虽然可消化性没有那么好，集中度也不高，但也是一大笔脂肪来源。所以很多食肉物种，包括鬣狗还有一些早已灭绝的犬类，比如恐狼，都具备了特化的、能把骨头咬碎的利齿，咬肌也进化得异常有力，便于啃吃骨头。在这方面，虽然我们驯化的犬类没有那种特化的利齿，不过它们的颚部更加强壮，甚至一条普通的小狗的咬力也能有差不多490牛顿/平方厘米，因此它们也有能力把最大的骨头都慢慢吃掉。

当然最重要的还是自然选择，它使得所有幸存下来的狗都天生有一种啃骨头的欲望。把对于个体和物种生存必不可少的行为变得特别有快感，是自然选择常玩的把戏，狗嚼骨头时的满足，恐怕也来源于此。

喂给狗的骨头最好是生骨头。因为烹煮过程会让骨脂从骨头里面渗出来，而且经常会把骨髓中的脂肪给融化掉，这样狗们就不会那么想吃了。除此以外，煮过的骨头还会变脆，能让狗们轻易咬成小碎块儿，但是吃下锋利的骨头碎片可能会让狗受伤。大多数情况下，生骨头以及里面的脂肪都能够被狗安全地吞下并良好吸收。

狗和环保

近日有研究表明，造成水里滋生细菌的"元凶"中狗排第三或第四。令人作恶的这些细菌可以致癌，比如：大肠埃希菌、沙门氏菌、鞭毛虫。细菌源追踪技术的日臻完善，科学家估计，部分地区 20% 到 30% 的细菌是由狗造成的。其实，狗造成的环境污染相对来说很容易避免，你需要做的只是在将狗的便便铲干净。

狗的睡眠

幼狗和老狗睡眠时间较长，年轻力壮的狗睡眠较少。狗一般都是处于浅睡状态，稍有动静即可惊醒，但也有沉睡的时候。沉睡后狗不易被惊醒，有时发出梦呓，如轻吠、呻吟，并伴有四肢的抽动和头、耳轻摇。浅睡时，狗呈伏卧的姿势，头俯于两个前爪之间，经常有一只耳朵贴近地面。熟睡时常侧卧着，全身展开来。样子十分酣畅。狗睡眠时不易被熟人和主人惊醒，但对陌生的声音仍很敏感。狗睡觉被惊醒后，常显得心情很坏，非常不满惊醒它的人，刚被惊醒的狗睡眼朦

胧，有时连主人也认不出来。狗没有较固定的睡眠时间，一天24小时都可以睡，有机会就睡。但比较集中的睡眠时间多在中午前后及凌晨二三点钟。每天的睡眠时间长短不一。狗睡觉的时候，总是喜欢把嘴藏在两条腿下面，这是因为狗的鼻子嗅觉最灵敏，要好好地加以保护。同时也保证了鼻子时刻警惕四周的情况，以便随时作出反应。

如果狗得不到充足的睡眠，工作能力就明显下降，失误也很多。同样，睡眠不足，也可以使狗情绪变坏。睡眠不足的狗会表现为一有机会就卧地，并不愿起立，常打哈欠，两眼无神，精力分散。

关于狗，你不知道的13件事

1.当电脑屏幕上显示的是狗的图片时，狗会很感兴趣地凑上去看，但是如果换成风景图片，狗就觉得没意思了。

2.奥地利的科学家们证明，狗如果发现其他狗受到更好的待遇时，也会觉得不公平，不过它会装出一副不屑的样子。

3.韩国科学家

们克隆了4只比格犬宝宝，它们带有荧光蛋白的基因。所以，在紫外线照射的情况下，它们会闪闪发光。

4.一家美国加利福尼亚州的公司，他们能提供狗的克隆服务，不过现在他们关门大吉了，据说是因为市场实在太小。或许他们应该试试看提供增加荧光基因的服务。克

隆有时候会出现难以预料的结果，他们有次打算克隆一只黑白相间的狗，结果却弄出来一只黄色带点儿绿的，也难怪这家公司关张了。

5.全世界共有4亿只狗，相当于美国和墨西哥的总人口数了。

6.狗和主人的确有相似的地方，英国巴斯泉大学的研究人员让志愿者将狗和它们主人的照片进行配对（四选一），发现正确率超过了一半。

7.一半以上主人允许狗舔自己的脸，但其中只有10%与他们的狗有相同的大肠杆菌菌株。实际上，只要多洗手，不用过分担心狗会把细菌传

播给人（特指自家宠物，野狗不算）。

　　8.2006年的一项研究表明，一般家庭养的宠物犬只要稍加训练，就能够闻出肺癌和乳腺癌来。瑞典的一位肿瘤专家还发现狗能够分辨出不同类型的卵巢癌。

　　9.狗的鼻子为什么如此灵光？这是因为它们拥有2.2亿个嗅觉感受器，是人类的40倍。

　　10.狗能听到频率很高的声音——最高可达45000赫兹，比人高一倍多，不过它们还不是冠军，鼠海豚能听到150000赫兹的声音。

　　11.美国加州大学洛杉矶分校的生物学家断言，现在的小型狗，是12000年以前中东地区一种灰狼的后裔。它们有共同的生长因子基因突变，而这个突变在较大的狗身上没有发现。

　　12.在德国、俄罗斯和比利时发现了一些犬科动物的遗骸，它们能追溯至31000年前。

　　13.雪纳瑞犬之所以长得像有大胡子，是因为它们的RSPO2基因发生了改变，这使得狗长出了浓眉毛和大胡子。

● 疑问与趣闻

狗在此，癌症哪里逃 >

1989年，英国国王学院医院的海韦尔·威廉斯博士等人首次提出狗能够通过气味发现恶性肿瘤。之后，他们将狗对几种癌症的监测能力进行了量化，包括肺癌、乳腺癌、卵巢癌、膀胱癌和皮肤的黑素瘤。一篇发表在肠胃病顶级刊物英国《消化道》杂志上的研究把结直肠癌也加入到狗可嗅出的癌症之列。

在这项研究中，日本九州大学医学研究院的前原嘉彦教授和他的团队训练了一只叫马林的拉布拉多犬来辨别癌症。为了检测效果，研究人员让它分别去嗅健康人群和已确诊患有结直肠癌的病人，还训练它检查水样粪便样品以便与普通潜血测试结果相比较。

结果，马林判断的准确性高得惊人——依靠嗅觉它能准确地找出91%的患者，排除99%的健康人。在水样粪便样本实验中，它的准确率高达97%，而粪便潜血测试的准确率则只有70%。更厉害的是，马林能很好地发现早期癌变。

他们总共对33名患者和132名健康人进行了测试。在每个实验中，马林要嗅5个人，其中4个是健康人，1个是患者。如果找出了患者，它就会在那个人前面卧倒。在这个样本量下，想靠碰运气达到90%以上的准确率是天方夜谭。看来，马林的确有分辨癌症的能力。

什么使狗发胖

澳大利亚的一项研究发现，只有3%的狗是因为生病了才发胖，比如甲状腺功能减退。其他97%的狗超重都是他们的主人造成的。简而言之，胖狗的主人给它们吃了太多不该吃的食物，而又没有带狗做足够的锻炼来消耗掉额外的热量。如果狗体重过大，它腿部关节的软骨就更容易磨损和撕裂，最终导致关节炎，一走路就痛。而这会让狗更不愿意走路，更无法消耗多余热量，结果腰围越来越粗。而且，胖狗得糖尿病和心脏病已经越来越普遍了。也许胖狗最悲剧的后果，是它们的寿命缩短2年（想想狗一般也就十几年的寿命而已）。

狗为什么吃粪便 >

狗为什么吃粪便呢？原因是多方面的。

一般情况下，狗采食粪便属于正常的生理行为。例如狗妈妈会在自己的孩子排泄完后为它们舔舐肛门，并将粪便吃掉，以免其他动物循气味捕猎尚未断奶的小狗，成年的狗如果感觉到威胁，也可能吃掉粪便以清除自己的痕迹；有些饲主在狗随地大便后对狗责备或体罚，因此狗就将自己的粪便吃掉以免被主人发现；此外，人们看见狗吃粪便时，往往会发出惊呼并叫其他人看，这让狗有一种备受瞩目的感觉，因此当它想引起主人注意时，就可能会选择这种方式；有些狗已经习惯了一天吃两顿或三顿，突然因为更换饲料等原因改成一天一顿，那么狗就会为了缓解饥饿感而进食粪便。

粪便中未消化吸收完全的营养成分，对狗也是莫大的诱惑。比如草食动物的粪便中往往含有一些狗缺乏的维生素和微量元素，狗会通过吞食粪便来为自己补充营养。"没有大粪臭，哪来稻米香"，动物的粪便由食物残渣、消化液、肠道脱落细胞、微生物等组成，含有各种营养物质，千百年来都被当做宝贵的

农田肥料,素有"肥水不流外人田"的说法。在鸡、牛、猪、兔等常见动物的粪便中,含有蛋白质、纤维素、脂肪、钙、磷和各种氨基酸,还有维生素A、维生素B、维生素K、亚油酸等动物必需的营养成分。在实验室的动物房,狗更是只吃自己和其他狗或者兔子的便便,对大鼠的则不感兴趣。虽然随着狗粮的营养配比日渐均衡合理,吃粪便已经不再是生存的必需,但许多宠物狗还是把祖先的勤俭习惯保留了下来。

此外,一些疾病也会加剧狗嗜食粪便情况的发生。例如胰腺炎、胃肠道内有寄生虫、肠道菌群失衡、糖尿病等,某些药物如巴比妥盐类、黄体素、类固醇的应用也会造成这样的结果。但从国内外宠物论坛的讨论来看,缺乏营养素和幼年时期因为便溺问题遭受过责罚,应该是家养狗吃粪便最主要的原因。

巧克力? NO >

在美国，巧克力是造成宠物狗中毒的五种常见物品之一，其余四位是汽车防冻液、大麻、鼠药和杀虫剂。

巧克力让人欲罢不能的秘密在于其中含有的可可碱。可可碱的大名叫做3,7-二甲基黄嘌呤，它能兴奋中枢神经，松弛肌肉，提高心律。狗不能有效地排出身体内的甲基黄嘌呤类物质。它需要大约20小时才能将摄入身体的一半甲基黄嘌呤排出体外。对于一只体重3公斤的博美来说，一次吃下3.42克黑巧克力就可能中毒，这只是一小口；一次吃下10克黑巧克力就可能出现严重的呕吐和痉挛；一次吃下60克黑巧克力就可能因为心动过速和肌肉强直而要了它的命，这也不过

只是一板巧克力的重量而已。对不知道饥饱的狗来说，吞下一板巧克力显然不是太难的事。著名的默克兽医手册Merck Veterinary Manual建议，狗一次吃掉的黑巧克力数量超过1.3克每公斤体重，就要送去动物医院救治。相对来说，狗因为偷吃牛奶巧克力而致死的机会少得多，至于所谓的白巧克力，则可以放心给狗吃，因为其中的可可碱含量微乎其微。

怎样通过狗的牙齿看年龄 〉

小时候我们就懂得看树轮可以知道树的年龄，而狗的年龄我们要怎么知道呢？其实狗的年龄我们可以看它的牙齿，通常健康的幼犬有28颗乳牙，到成年时有42颗恒牙。随着狗年龄的增大牙齿会慢慢磨损，此时我们可以根据狗狗牙齿的新旧、数量、磨损情况来看年龄。一般我们可以根据以下标准来判断：

门牙处的乳牙一般在30到40天长齐；到2个月的时候长齐所有的乳牙，乳牙呈嫩白色尖细；第一乳门牙更换时间在2到4个月时；5到6月时第二、三乳门牙和其他所有乳牙开始更换；8个月开始乳牙全部换成恒牙；1岁时恒牙全部长齐，牙牢固光洁尖锐；1岁半开始下颌第一门齿磨平；2岁半下颌第二门齿磨平；3岁半上颌第一门齿磨平；4岁半上颌第二门齿磨平；5岁下颌第一、第二门齿磨平呈矩形，下颌第三门齿稍磨平；6岁下颌第三门齿磨平呈钝圆；7岁下颌第一门齿至齿根部磨损呈纵椭圆形；8岁下颌第一门齿面向前方倾斜磨损；10岁上颌第一门齿、下颌第二呈纵椭圆形磨损；16岁门齿脱落犬齿不全。

为什么狗喜欢和人一起睡 〉

这是因为狗在许多方面终身都停留在幼犬阶段。即使是成年狗，他们也把自己的主人看做伪父母；所以，很自然，他们便想蜷缩在"母亲"身边。在这种情况下，"母亲"不一定是女主人。如果狗在平时和家里的男主人更加亲近，那么男主人就会成为他的"代理母亲"和他希望与之同睡的对象。

"狗群"的驱逐。当然，如果是一群看门的狗或者一群猎犬，就不会有这样的问题，因为它们会相互做伴。但是，如果是单独和主人家生活在一起的一只宠物狗，它就会觉得难以理解，为什么一到睡

即使是受过严格训练，平时不让他靠近床的家犬，睡觉时也仍然想尽可能地挨近自己的"群体"。这里的"群体"指的是在野生的环境里，当几只幼犬被留在狗巢里时，它们当然会相互挤在一起睡觉。只有当遭到狗群驱逐的才会远离狗群独自睡觉。

同样，如果一只狗每天夜里都被赶出主人的房间，他就会觉得自己遭到了

觉的时间它就得回避，就得跟自己的"伙伴"分开。

折中的解决办法是，狗当然不能睡在床上，但让它睡在尽可能靠近卧室的地方，或者是床的边上。这样，狗或许能免于每天夜里蒙受过多的"精神创伤"。

狗的脚趾分为哪几种类型 〉

狗的趾形与其活动能力有很大的关系，也深深影响其外形的好坏。狗的足掌轻薄则强韧性不足，缺乏持久力，而趾太长、太短或成棒状等均是缺陷。狗的趾形大致分为以下几种：

张，爪尖发育不良，难以支撑身体的重量。

不同的脚形，来自于它们生长环境和工作方式的差异，以及人类对它们的审美繁育。所谓，一方水土养一方脚。

Tips:

猫脚家族：迷你品、卷毛比雄、松狮、牛头、迷你雪纳瑞、秋田犬、柴犬、比利时马林诺斯、杜宾……

（1）猫爪型：这种狗的爪子圆圆地拱起，四趾紧抱，仿佛猫的爪子。

（2）兔爪型：这种趾形呈椭圆形，乍看犹如兔爪，是较理想的趾形。玩赏犬多见，如八哥犬要求一定为兔爪型。

（3）伸张型：这种趾形脚趾之间缝隙过大，外形不甚美观，外出时脚趾中间常会夹住泥沙。

（4）纸型：这种趾形的脚趾薄如纸

兔脚部落：中国冠毛、日本中、意大利灵、西藏猎犬、贝灵顿、斯凯、萨摩耶、苏俄猎狼、惠比特……

"鸭脚"联盟：纽芬兰、德国刚毛波音达、葡萄牙水猎犬

狗的十宗"最" 〉

• 最耐寒的狗——西伯利亚雪橇犬

　　西伯利亚哈士奇也叫西伯利亚雪橇犬，是原始的古老犬种，哈士奇这个名字源自它独特的嘶哑叫声。在西伯利亚东北部的原始部落楚克奇族人，用这种外形酷似狼的犬种作为最原始的交通工具来拉雪橇，并用这种狗猎取和饲养驯鹿，或者繁殖这种狗，然后带出他们居住的冻土地以换取温饱。哈士奇性格多变，有的极端胆小，有的极端暴力，进入大陆和家庭的哈士奇都已经没有了野性，比较温顺，是一种流行于全球的宠物犬。

〉 **哈士奇之发展历史**

　　西伯利亚哈士奇是东西伯利亚游牧民伊奴特乔克治族饲养的犬种，一向担任拉雪橇、引导驯鹿及守卫等工作。而且，在西伯利亚恶劣的环境下工作。西伯利亚雪橇犬几个世纪以来，一直单独地生长在西伯利亚地区。20世纪初，被毛皮商人带至美国。一转眼，此犬便成为举世闻名的拉雪橇竞赛之冠军犬。现今，该犬则作为优良的伴侣犬备受人们喜爱。

　　西伯利亚哈士奇历史记载中，西伯利亚哈士奇的祖先，最早要追溯到新石器时代之前。当时一群中亚的猎人们移居到极

地（也就是西伯利亚）的尽头生活，经过了很长时间，这群跟随在猎人身边的狗，在长期与北极狼群交配繁育之下，发展成为北方特有的犬种。

在这群穿越过北极圈，最后选择在格陵兰落脚的人们中间，有一个部落，就是后来发展西伯利亚哈士奇的楚科奇人。早期，楚科奇人将这群跟随在他们身边的狗训练为可以用来拉雪橇并且看守家畜的工作犬，因为它们耐寒、食量小、工作起来又相当认真。因此当时还被认为是部落中相当重要的财富。而这群早期被称之为西伯利亚楚科奇犬的狗，也就是后来哈士奇的祖先。据说哈士奇这个名称，原来是因纽特人的俚语——沙哑的叫声的讹传，当时的狗们叫声较为低沉沙哑，因此有了这个奇妙的称号。

18世纪初，阿拉斯加的美国人开始知道这种雪橇犬。1909年，西伯利亚雪橇犬第一次在阿拉斯加的犬赛中亮相。1925年1月阿拉斯加一个偏僻小镇白喉流行，由于最近的存有血清的城市远在955英里以外，为快速运回治疗白喉的血清，人们决定用哈士奇雪橇队代替运送，该路程照正常的运送速度来算需要25天，由于病症快速蔓延，雪橇队决定以接力运送的方式来运送，雪橇队最后仅用了5天半时间就完成了任务，挽救了无数生命。

1930年，西伯利亚雪橇犬俱乐部得到了美国养犬俱乐部的正式承认。

西伯利亚雪橇犬的典型性格为友好、温柔、警觉并喜欢交往。它不会呈现出护卫犬强烈的领地占有欲，不会对陌生人产生过多的怀疑，也不会攻击其他犬类。成年犬应该具备一定程度的谨慎和威严。此犬种聪明、温顺、热情，是合适的伴侣和忠诚的工作者。

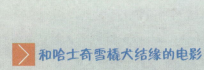

和哈士奇雪橇犬结缘的电影

　　《雪狗兄弟》（英文名 Snow Buddies）又名《神犬也疯狂》。

　　故事发生在北极圈内的阿拉斯加，一个名叫亚当的小男孩养了一条名为 Shasta 的哈士奇雪橇犬，他十分想参加雪橇狗比赛，尽管他爸爸十分反对，但也无法阻止他偷偷地报名参加雪橇狗比赛。光有勇气是不够的，他还需要凑齐 6 条能拉雪橇的狗，那么到哪里去找其他 5 条狗呢？……

最受人尊敬的狗——圣伯纳犬 〉

有一个关于狗的故事：瑞士的阿尔卑斯山麓有个著名的圣伯纳修道院，院长凡蒂斯长老是个很有学问而又善良的人。他毕生从事慈善事业，他驯养了一只身高力大的救生犬，用来救护登山滑雪遇险者。这只救生犬重达80磅（36千克），浑身炭一般黑，起名叫黑獴。大雪封山的季节，常有人在山里遇险。每当凡蒂斯长老接到求救报告，就在黑獴的脖子套上食物袋——里面装有烈酒、香肠、面包等物，并叫它嗅遇险者的衣物，黑獴就跑进深山，追踪人味，直到找着遇险者为止。遇险者看见黑獴后像遇到救星，用烈酒驱寒，擦冻伤，并用香肠和面包充饥，再由黑獴领出深山丛林，走到圣伯纳修道院，如果遇险者走不动，黑獴带的袋子里有笔和纸，遇险者写上地点，黑獴会带出来，再由救护人员赶到现场。黑獴一共救出了41个人，在救护第41个人时被误伤而失去了生命。这个故事里的主人翁黑獴就是圣伯纳犬。

自18世纪以来，它们就在瑞士的基督教堂被养殖：由一只公獒犬以及一只母的纽芬兰犬培养。由于那个教堂的名字是：圣·唐·松·伯纳德，所以起名为伯纳德犬。圣伯纳犬

在教堂已有 3 个世纪了，据估计一共救了2000 个人的生命。尽管后来修成了火车隧道穿越阿尔卑斯山，徒步或坐车经过圣伯纳关口的人大为减少，但僧侣们仍继续饲养圣伯纳犬作为他们的伙伴，这也是为纪念教堂的传统。

圣伯纳犬无需训练即可完成这些工作，因为它们有救助的本能；或者更为准确地说，这种天性是僧侣们训练圣伯纳犬的基础。在僧侣们的陪伴下，年轻的犬与年长的犬一起巡逻，搜寻意外伤亡的旅行者。当狗发现了遇难者，就会卧在他的身边，给他取暖，并舔他的脸部使其恢复知觉，同时，一只犬会返回收容所报警，并带领救援者返回出事地点。

除了极强的认路本领和灵敏的嗅觉能找到埋在雪堆里的遇难者之外，圣伯纳犬有不可思议的第六感觉，可以察觉到雪崩的到来。曾有报道说，一只圣伯纳犬在雪崩来临前几秒突然离开原来的位置，它刚一离开，就在原来的位置已有数吨的冰雪。

中国古代最尊贵的狗——北京犬 〉

　　北京犬又称宫廷狮子狗、京巴犬，是中国古老的犬种，已有 4000 年的历史。北京犬是一种平衡良好、结构紧凑的狗，前躯重而后躯轻。它有个性，表现欲强，其形象酷似狮子。它代表的勇气、大胆、自尊更胜于漂亮、优雅或精致。

　　北京犬起源于中国，从秦始皇时代延续到清王朝，北京犬一直作为皇宫的玩赏犬，在历代王朝中备受恩宠，取名为京巴犬。

　　北京犬最早的起源时间无从考证，最早的记载是从 8 世纪的唐代开始的。这种古老的犬从有记载开始就一直只允许皇族饲养，如果民间有人敢私自养此种犬就会被判刑。据史料记载，唐代就有人因偷运北京犬而被判刑的事例，唐代皇帝驾崩会用此犬陪葬，以保驾皇帝能共同重返来生。在宋代时，该犬被称为罗红犬或罗江犬。在元代，它们被称为金丝犬。在明、清两朝代，人们又称呼它们为牡丹犬。慈禧太后非常宠爱这种狗。官吏们对北京犬的宠爱到了必须"随身携带"的程度，出门时就把它放在宽大的衣袖内。所以，北京犬又被称作"袖犬"。

　　北京犬经过几十年的改良，已经发生了巨变。主要划分几个时代变迁：一、老版京巴时代；二、新版京巴时代；三、鹰版京巴时代；四、鹰巴时代。老版京巴主要特征是平脸，外露的鼻子；新版京

114

巴已经发生了改变，脸变鼓了，鼻子已经被盖住；鹰版京巴脸不但凸起，而且身皮、顶皮都很松弛；鹰巴身皮、顶皮更加松弛，头顶皮如瀑布般下垂，头部呈鼓形，底嘴宽挂腮，上超咬合或齐齿咬合，上嘴唇盖住下嘴唇，眼距宽。

115

▶ 北京犬缘何"流落民间"？

　　19世纪中叶以前，北京犬还鲜为西方人所知。20世纪初年几次殃及北京的战争使得这些深宫贵犬流落民间甚至流传海外。1861年，英法联军攻入北京，在昔日的皇家禁地，他们看到了一个令人惊异的景象：高贵的格格在深宫中自尽身亡，5只北京犬陪在她身边。虽然主人已死，而这5只狗依然忠心耿耿地守护着它们的女主人。

　　尊纳将军将这5只北京犬当做"战利品"带回了英国，并将其中一只命名为路提的狗献给了维多利亚女王，女王命名为"滑稽犬"并非常喜爱。此犬因从北京带到英国，被称为北京犬。这只犬一直活到1872年，著名画家埃德温蓝曾专门以路提为主题创作了一幅名画。从此，憨态可掬、乖巧玲珑的北京犬以其特有的风姿和对主人的忠诚倾倒了西方爱犬人士，逐渐风靡世界。

▶ 北京犬和传说中的神兽"麒麟"有什么关系

　　据考证，护门神"麒麟"就是北京犬的化身。仔细观察，"麒麟"的造型与现在的北京犬外形真的有神似之处。

最危险的狗——藏獒 〉

藏獒，又名藏狗、蕃狗、龙狗、羌狗，原产于中国青藏高原，是一种高大、凶猛、垂耳的家犬。身长约 130 厘米，体毛粗硬、丰厚，外层被毛不太长，底毛在寒冷的气候条件下，则浓密且软如羊毛，耐寒冷，能在冰雪中安然入睡，在温暖的气候条件下，底毛则非常稀少。性格刚毅，力大凶猛，

对其有详细记载，证明圣伯纳、大丹、匈牙利牧羊犬、纽芬兰犬及世界多种马士迪夫犬均含有西藏藏獒的血统。公元前 55 年，腓尼基人将其由中亚、西亚运至英国繁殖，后至罗马帝国时，獒犬被带至罗马，在圆剧场中用于和熊、狮搏斗，此外在多数的罗马战争中，藏獒亦作为军犬。

野性尚存，使人望而生畏。护领地，护食物，善攻击，对陌生人有强烈敌意，但对主人极为亲热。

藏獒是极古老的大型犬种，原始发源地青藏高原甘肃甘南藏族自治州河曲地区。根据考古学家对其古化石的鉴定，证实其历史已超过 5000 年，国外有关文献

藏獒因为生活地区不同，在外观上也有差别。据相关资料显示，品相最好的上品藏獒出于西藏的那曲地区。茂密的鬃毛像非洲雄狮一样，前胸阔，目光炯炯有神，含蓄而深邃。喜马拉雅山脉的严酷环境赋予了藏獒一种粗犷、剽悍美及刚毅的心理承受能力，同时也赋予藏獒王者的气质，

117

高贵、典雅、沉稳、勇敢。还有一种藏獒出于青海地区。这种藏獒几乎没有鬃毛，身上的毛也比较短，体型却更大！但是它的性格没有带鬃毛的藏獒凶猛、沉稳。

西藏獒据说是举世公认的最古老而仅存于世的稀有犬种，在古老的东方有关藏獒神奇的传说已被神话为英勇护主事迹的化身。他忠心护主的天性，不仅是游牧民族的最佳保护犬，同时也被认定是国王、部落首长的最佳护卫犬。

质，古代汉语造字者可能以"獒"命名的理由是以人之"傲"去掉"人"加"犬"而得，与人可比的地位。另外从生物学意义严格来讲，獒也是一个大型犬品种，与普通狗有明显的差异性（即一年只有一个繁殖周期）。

▶ 为何称藏獒为"獒"而不是"狗"？

这不仅仅是因为它身高体大、威猛善斗，而是它具有昂首挺立、永不低头的典型特性。藏獒不论是站立、行走还是卧地，首先给人的一种感染力是威猛、昂首、傲慢、不可一世的外形气质特征，警觉但对于不侵犯领地的动物却置之不理，正是这种高傲的先天素

▶ 藏獒"聚三美""集五德"

"三美"是：有凛凛之神韵，有铸石雕之躯体，有威镇群兽之雄风。

"五德"为：能牧骏马牛羊，能解主人之意，能知吉祥祸福，能越万里雪山，被活佛视为转世"坐骑"，是牧民的忠实伴侣，被称为"天狗"。

最温柔的猎手——黄金寻回犬 >

黄金寻回犬在 19 世纪由苏格兰的一位君主，用黄色的拉布拉多寻回犬、爱尔兰赛特犬和已经绝迹的杂色水猎犬，培育出一种金黄色的长毛寻回犬。后来这品种逐渐成为著名的黄金寻回犬。当时这种犬叼衔猎物非常合适，因为他们的嘴叼衔时非常柔和。因此黄金寻回犬有很强的游泳能力并能把猎物从水中叼回给主人，是人类最忠实、友善的家庭犬及导盲犬。

金毛猎犬体格健壮，工作热心，可以用来捕捉水鸟，任何气候下都能在水中游泳，深受猎手的喜爱，现在有的被作为家犬饲养，为中型犬。

黄金寻回犬很活跃，喜欢玩，但也出奇的耐心，可以静静地坐几个小时不动，就好似打猎时在狩猎伪装底下等猎物一样。可能系打猎的遗传特质，黄金寻回犬跳进跳出小船、游水亦喜欢。

和拉布拉多犬一样，它们的智力、对人的感情和他们对小孩的容忍力都很出众。从另一方面来讲，它们需要人经常陪伴才能快乐。它们在服从测验中表现良好并且是优秀的向导犬。虽然它们可能不像拉布拉多寻回犬那样在野外测试中表现出色，它们是出色的猎手，以突出的嗅觉而著称。它们还非常渴望讨好主人。黄金寻回犬喜爱接物。接回一根扔出去的棍子、网球或者飞盘可以让一条黄金寻回犬玩上几个小时都不腻，特别是还需要涉水的时候。

今天的黄金寻回犬分成两类：秀狗和猎狗。秀狗组的黄金寻回犬通常骨骼更大，更长，更重。香槟色的长而飘逸的毛在秀狗圈内备受推崇。而另一个方面，猎狗相对更小，腿更长，更深色。这两类都从 60 年代的著名黄金寻回犬分化出来。

最能干的狗——德国牧羊犬 〉

德国牧羊犬，又称德国狼犬，分为短毛弓背犬和长毛平背犬两种。这两种犬在性格和智商上没有差异，但在体型与毛质上有所差异。通常来讲，母犬繁殖的长毛平背类会被饲养者淘汰，因为人们认为这属于一种返祖现象，这种情况至今仍然发生在许多纯种德国牧羊犬身上。

德国牧羊犬体形大小适中，有黝黑发亮的脸庞、厚厚的毛、竖立的耳朵、杏眼，肌肉结实，四爪锋利，背脊笔直。身体雄健，各部位匀称和谐，姿态端庄美观，生理机能好，繁殖力强。由于绝大多数被毛为黑灰色，或者腹部为灰白色，背部为黑灰色，所以俗称"黑背"。特别与众不同的是，它的感觉极为敏锐，警惕性高，素有"天然警犬"之称。它的听觉灵敏，通常比人强16倍。行动时胆大凶猛，机警灵活，敏捷轻快，追踪猎物奔跑的速度可达每小时60公里。静态时安稳沉着，富于耐性，刚柔相济，依恋性强，易于训练。它聪慧、忠诚，与主人配合默契。因此，现在德国牧羊犬已被广泛地应用于各个领域，特别是军、警用犬，在追踪、救护、搜毒、护卫等方面屡建奇功。

1902年4月17日，德国牧羊犬正式诞生于德国西部的卡尔斯鲁厄。当年，在一个犬展览会上，一位名叫冯斯蒂法尼茨的骑兵队长首次向人们展示了他经过无数次的配种试验，精心培育出的优良犬种。

养犬风源于英国，当时在上流社会把养犬视为时尚和富贵权势的象征。

但牧羊犬的培育者冯斯蒂法尼茨却反潮流而行，他认为养犬不应该只成为一种观赏和消遣，更重要的是为社会服务。本着这种精神，他在同年成立了"德意志养犬业余爱好者协会"。德国牧羊犬于是成为当时极受人们欢迎的最优秀军、警犬和牧羊犬，许多国家都用它帮助军、警搜查毒品、缉捕逃犯、边防巡逻等。

第一次世界大战后，大量的德国牧羊犬引进英国，而后又迅速输出至世界各地。德国牧羊犬成为分布最广、最受欢迎的犬类品种之一，但最钟爱牧羊犬的还是德国人，目前，德国境内大约有50万只德国牧羊犬，其中90%是由家庭饲养的，这些犬成为居民的好伙伴和守卫者；剩余的10%由警署、海关、救援组织等机构驯养。德国牧羊犬是世界公认的最优秀的工作犬之一。

最明星的犬种——苏格兰牧羊犬 >

苏格兰牧羊犬（简称苏牧）是充满灵性的犬中明星：有些犬以娇小漂亮的外形获得人们的喜爱，有些犬以善解人意的灵气得到主人的信任。苏牧显然是属于后者。从古老的畜牧作业犬到影视作品中不断出现的主角，它的机警、聪慧与勤劳都给人留下了深刻印象，不愧被称为能够与人终生为伴的明星狗。

苏格兰牧羊犬起源于苏格兰低地，在国外都称为柯利犬，名字来自当地叫可利的黑羊。和许多其他犬种一样，深得维多利亚女王的恩宠。1860年，当女王亲临苏格兰访问时，携带数只返回温莎堡饲养。于是，在英国逐渐成为广受好评的牧羊犬。

它在电视剧中曾大出风头。在美国的孩子们认为这种犬是最有魅力的猎犬。1940年，苏格兰牧羊犬主演莱西（由古典小说而改编的电影《灵犬莱西》）一角而闻名。几个世纪以来，除了苏格兰地区外，几乎无人知晓牧羊犬，而现在则成为世界上最受欢迎的品种之一。

苏格兰牧羊犬是一种坚强、结实、积极、活泼的品种，性情优良，容易亲近，在室外动力充沛。对主人感情丰富，对陌生人警戒心强。此犬擅长社交，平常完全不显露软弱或攻击性的一面。牧羊犬具有表情丰富的耳朵。休息时耳朵伸直，警戒时耳朵会往前倾呈半直立状。听觉灵敏，距半公里之外的声音也能听见。

你知道吗?

非洲的鬣狗，常常被人们误以为是犬类，事实上这种动物和猫科动物的亲缘关系更接近。

121

最聪明的牧羊犬——边境牧羊犬 ＞

边境牧羊犬又名边境柯利，是一种非常聪明的犬种，主要分布在 4 个国家，英国、美国、澳大利亚和新西兰，美国科学家通过大量测试研究，边境牧羊犬的服从智商超过德国牧羊犬和贵妇犬，在 100 多个犬种中排名第一。

在公元前 5 世纪到公元前 1 世纪时，许多凯尔特人在欧洲四处迁移，其中有三支塞尔特人来到爱尔兰，他们带来了牲畜、看牧牲畜的狗还有猎狗。这几个种族使用一种叫做 Q Gaelic 的方言，而柯利的意思就是"有用处的"，因此对他们有用处的狗都被叫做柯利。

边境牧羊犬身高 46—54cm，体重 14—22kg，精力充沛、警惕而热情。智商相当于一个 6—8 岁的小孩，聪明是它的一大特点。对朋友非常友善而对陌生人明显地有所保留，与小孩相处友善。它是一种卓越的牧羊犬，它乐于学习并对此感到满足，并在与人类的友谊中茁壮成长。适合住室外，需大量运动，边境牧羊犬不只是生活中的最佳宠物犬、伴侣犬，也是家庭中很好的看家护院犬。

爱尔兰的动物学家马丁如此形容这种狗：有观察力、敏锐；毛发长且经常是毛茸茸的；体态有型、强壮、外表漂亮、有点像狼似的。虽然英国的柯利犬最早是在爱尔兰被发现的，不过它们却是在苏格兰被发展为牧羊犬的。大部分的边境牧羊犬都具有搜寻的能力，只要在适当的时机鼓励它们去做就好了，搜寻的本能和放牧的本能一样，当阻止它发展时，这些本能可能会减弱甚至消失，这也是搜救犬驯养场在游戏中鼓励狗去搜寻时发生困难的原因之一；且它们大部分都是敏感的，会对手掌的触摸有所反应，可以抚摸它们的头、双颊及耳朵周围来安抚它们，这跟野狼间相互舔毛、抚爱没有什么不同，可以借由这种动作可以让兴奋或紧张的狗冷静下来，比用命令的方式有效。

最笨的狗——阿富汗猎犬 >

阿富汗猎犬在斯坦利·科伦教授的犬类智慧排行榜中被列为最笨的犬种，但是这并不影响人们对阿富汗猎犬的喜爱。

19世纪在阿富汗及其周边地区，西方国家发现了阿富汗猎犬。19世纪后期，这种猎犬第一次被带到了英国。现知最早

能够清楚完整表现阿富汗猎犬的绘画作品是一幅复制品，这幅画是从一些1809年写于印第安并于1831年英国出版的大量信件集中复制而来的。

阿富汗猎犬追踪猎物十分灵敏，它们能在任何地点追捕所发现的野兽，像山鹿、草原羚羊和野兔。它们也能够发出像食肉动物如狼、豺、野犬和雪豹一样的低吠声。像西班牙猎犬一样，它们能够为猎鹰和持枪的猎人惊起鹌鹑和山鹑。并且，它们和任何梗一样可以追踪土拨鼠，而这种土拨鼠的皮毛和肉得到山地居民的极大

欢迎。

作为狩猎犬，与其说阿富汗猎犬直线奔跑速度快（虽然也是重要的），还不如说具有快速平稳地横穿崎岖地形的能力。它可以在接近猎物的时候，敏捷地跳跃和快速地扭转，并拥有持久的耐力以能够继续进行艰难的追踪。几个世代以来，阿富汗国王一直为打猎犬修建养犬场。

阿富汗猎犬有不同的狩猎方式：单猎，与母犬组成一对狩猎，群猎或与经特殊训练的猎鹰组合。

> 狗比猫聪明

依据脑力商数指标，地球上最聪明的动物是人类，紧随其后的是大猩猩、鼠海豚，以及大象。狗的EQ比大象略低一点。猫的EQ比狗更低，之后则是马、羊、小鼠、大鼠以及兔子。总体来说，作为掠食者的动物（如肉食动物）要比草食动物更聪明。

123

最优雅贵气的犬种——贵宾犬 〉

贵宾犬也称"贵妇犬"，属于非常聪明且喜欢狩猎的犬种，这种经过精心修剪、华丽堂皇、模样神气的贵宾犬，使人们很容易把它和无所事事的王公贵族联系在一起。但是这种备受宠爱的犬过去却曾作为水猎犬，从欧洲冰冷的沼泽地和池塘中为猎人捡回猎物。据猜测贵宾犬起源于德国，在那儿它以水中捕猎犬而著称。贵宾犬分为标准犬、迷你犬、玩具犬三种。它们之间的区别只是在于体型的大小不同。

贵宾犬在法国被视为国犬，很多人认为贵宾犬原产于法国，但许多国家仍对贵宾犬的起源争执不休，都想把它据为己有。德国、俄国、意大利等国均各抒己见，认为有些品种的贵宾犬产于他们的国家，如白毛品种以法国居多，棕毛品种多产于德国，黑毛品种以俄国为多，茶褐色品种则以意大利为多。

最早的贵宾犬为标准型，早在公元30年的欧洲就发现该犬的行踪，它是一种擅长游泳的拾猎犬，亦能作为护卫犬、牧羊犬和狩猎犬。这种贵宾犬在水中工作时，为减小阻力，人们便为它剪掉部分毛发，这种"工作造型"就成了犬展贵宾犬美容的依据。

颇受宠爱的贵宾犬

贵宾犬在传到英国前，已经在欧洲大陆风行，在德国画家 15—16 世纪的作品中，就可以追寻到贵宾犬的身影。18 世纪末，贵宾犬已是西班牙主要的宠物犬，这可从西班牙绘画作品上得到证明。法国路易十六时期的浮雕则已有玩具型贵宾犬出现。从 1 世纪后在地中海沿岸发现的贵宾犬图案，和 20 世纪现代贵宾犬是非常相像的，图案中的贵宾犬被剪成像狮子一样的造型。

身价最高的十种狗

1. 威尔士柯基犬
2. 阿拉伯猎犬
3. 松狮犬
4. 埃及法老王猎犬
5. 英国斗牛犬
6. 加拿大因纽特犬
7. 德国小狮子犬
8. 萨摩耶犬
9. 骑士查理王猎犬
10. 德国牧羊犬

125

测测你的狗是不是天才

狗具有发育良好的大脑、一流的感觉能力和强烈的求知欲，这在很多方面都能表现出来。下面是12道依据人的智力测验而设计的问题，可用来测验一下狗的智力水平。这些测试可对狗在视听能力以及在家里和外面不同场合的表现等方面作出评估，但也并非完全科学。

1. 如果你的狗正在乡间跑着，前面的路突然被篱笆或栅栏挡住了，而它又跳不过去，它会怎么做？

A. 沿着篱笆或栅栏走，然后找一条路绕过去。（4分）

B. 拐头朝别的方向走。（1分）

C. 在下面挖一个洞或采取别的方式越过障碍。（2分）

D. 在原地等着你把它举过去。（2分）

2. 当狗看着你时，你假装拿块点心吃，狗会：

A. 专注地看着你，好像你真的在吃。（2分）

B. 到你拿食物的地方去看看还有没有剩下的。（3分）

C. 很感兴趣。（1分）

D. 似乎看出来你正装假。（2分）

3. 你的狗是否认识下面的字（也可以是你自己画的特殊标志），如果认识，认识几个？这些字是吃饭、兽医、床、再见。

A. 认识三个或四个（4分）

B. 认识两个。（3分）

C. 认识一个。（2分）

D. 一个都不认识。（1分）

4. 如果你在厨房里，狗听见你打开食品包

装，狗会怎么做？

A. 一听见动静就跑进厨房。（3分）

B. 只有感到特别好奇或饿了才进来。（3分）

C. 没有意识到你是在打开食品，除非你在它面前做这些。（1分）

5. 如果你的狗离门很近，听见外面有异样的响动时，它的第一反应可能是：

A. 大声吠叫并试图跑出去。（2分）

B. 不理睬。（1分）

C. 保持警觉，一声不响地监听。（3分）

6. 如果你带着狗出门，碰到一个个头比它大得多的狗或者是一匹马，你的狗会：

A. 跑过去抓扯对方的蹄子，冲着它大叫并发动攻击。（1分）

B. 发出低沉的咆哮或大声的吠叫，但与对方保持一个安全的距离。（3分）

C. 绕着走。（4分）

D. 小心或顽皮地接近对方。（2分）

7. 当你用皮带牵着你的狗来到马路边时，它会怎么做？

A. 在路边停下来，观察一下过去是否安全。（4分）

B. 靠你决定什么时候过去。（3分）

C. 只顾往前走，迫使你把它拉住。（1分）

8. 如果你不和你的狗玩了，而它还想玩，它怎么让你知道？

A. 低声哀求。（2分）

B. 试图重新和你开始。（3分）

C. 低沉的怒吼。（1分）

9. 你的狗是否记人，例如偶尔来访的亲戚？

A. 不记人。（1分）

B. 记人，尤其是他们上次来时对它很友好。（4分）

C. 有时记人。（3分）

D. 不记人，但是如果来访者给它食物时似乎记人。（2分）

10. 如果你的狗想喝水而它的碗里又恰好没有了，它会：

A. 等着你去发现碗是空的。（1分）

B. 用别的方法比如到卫生间或小水坑里去喝水解渴。（4分）

C. 找到你低声哀求。（3分）

D. 把你叫到碗边给你看碗是空的。（4分）

E. 坐在碗边低声哀求。（2分）

11. 如果你的狗被发现做了错事并知道自己闯了大祸，它会怎么办？

A. 像犯了罪一样耷拉着耳朵和尾巴偷偷溜走。（4分）

B. 眼含忧虑迅速逃走。（2分）

C. 眼含得意迅速逃走。（1分）

D. 在你面前哆哆嗦嗦。（3分）

12. 换了新的环境，你的狗会表现如何？

A. 非常好奇，仔细查看每一个角落甚至缝隙。（3分）

B. 表现出适度好奇。（2分）

C. 只关心饭食吃什么。（1分）

评分：以上每道题目只选一个答案，将所对应的分数相加，然后以得分结果评价。

少于14分：无知；

15—18分：一般性迟钝；

19—23分：偶尔聪明一下；

24—27分：正常；

28—31分：比普通狗略聪明；

32—37分：很聪明；

38—41分：极端聪明；

42分以上：狗类中的天才。

图书在版编目（CIP）数据

"汪星人"的秘密花园/于川，张玲，刘小玲编著.
—北京：现代出版社，2012.12
ISBN 978-7-5143-0899-0

Ⅰ．①汪… Ⅱ．①于…②张…③刘… Ⅲ．①犬–青
年读物②犬–少年读物 Ⅳ．①Q959.838-49

中国版本图书馆CIP数据核字(2012)第274904号

"汪星人"的秘密花园

作　　者	于　川　张　玲　刘小玲
责任编辑	袁　涛
出版发行	现代出版社
地　　址	北京市安定门外安华里504号
邮政编码	100011
电　　话	(010) 64267325
传　　真	(010) 64245264
电子邮箱	xiandai@cnpitc.com.cn
网　　址	www.modernpress.com.cn
印　　刷	汇昌印刷(天津)有限公司
开　　本	710×1000　1/16
印　　张	8
版　　次	2013年1月第1版　2021年3月第3次印刷
书　　号	ISBN 978-7-5143-0899-0
定　　价	29.80元